필드가이드

잠자리

Dragonfly

김성수

FIELD GUIDE

김성수 1957년 서울에서 태어났고 경희대학교 생물학과를 졸업하고 대학원에서 석사학위를 받았다. 경희여자고등학교에서 생물교사로 23년을 지냈고 현재 한국나비학회 회장과 한국곤충학회 이사를 맡고 있으며, 동아시아 환경생물연구소에서 곤충과 환경의 관계를 연구하고 있다. 곤충 중에서 특히 나비와 나방을 연구하여 국내외 학술지에 낸 논문 80여편이 있으며, '한국의 나비' '한국의 자나방' '제주의 나비' '석주명' '필드가이드 나비' '필드가이드 곤충' 등 20여 편의 저술을 낸 국내 최고의 필드가이드이다.

필드가이드 잠자리

초판 1쇄 인쇄 2011년 7월 13일
초판 1쇄 발행 2011년 7월 25일

펴낸곳 필드가이드
펴낸이 이종렬
지은이 김성수
주 소 서울시 용산구 한강로 1가 50-1 용산파크자이 D-1825
전 화 02.6375.2665 | 팩 스 02.6375.2664
출판등록 2006년 5월 29일 제302-2006-00032호
디자인 김경화

 ISBN 978-89-93204-06-3 06490
정가 12,500원 지은이와의 협의로 인지는 생략합니다.

차례

어릴 적 동네 앞 개울가를 자주 찾곤 하였다. 속내는 한가하게 개구리, 오리, 송사리를 만나려는 것이었지만 막상 개울가에 다다르면 잠자리와 지내는 시간이 유독 많았다. 어렵사리 잠자리 한 마리를 잡아서 손가락 사이에 끼우면 꽤나 자랑스러웠던 기억이 아련하게 떠오른다.

요즈음 물이 고인 곳이면 어디나 수질이 나빠져 잠자리 보기가 넉넉하지 않게 되었다. 그 수도 퍽 줄어들었지만 무엇보다 다양한 종류를 만나기 어렵다는 점이 안타깝다. 아예 자취를 감춰 볼 수 없는 종류가 있을 정도이다. 이렇듯 친근하면서도 한편 사라져가는 잠자리의 삶을 담아낼 방도를 찾던 중 이번 책을 마련하게 되니 마치 엉킨 실타래가 풀린 것 같은 마음이 든다.

잠자리는 큰 곤충이지만 특징이 비슷해서 구별하기 어렵다. 또 잡아 두면 눈과 몸 색이 금세 변해 종류를 알아내기 어려워, 대부분 '잡는 재미'에 치우쳤다. 이것을 누구나 알 수 있도록 살아있을 때의 색 그대로 촬영하여 '보는 재미'를 늘리고, 어려운 용어나 서술 방식으로 고쳐 일반인들도 '아는 재미'를 느끼도록 꾸몄다. 이 책을 통해 잠자리에 심취하여 자연에 한 걸음 다가서기를 기대해 본다.

책이 나오기까지 유익한 자료를 참고하게 해주신 고 이승모 전 국립과학관 실장님, 생태 사진과 채집 활동을 함께해주신 이영준씨께 감사를 드린다. 또 표본 촬영을 흔쾌히 수락해주신 국립중앙과학관의 안승락 실장님과 애별박이왕잠자리 사진을 내주신 동북아식물연구소의 현진오 박사님께 감사를 드린다. 끝으로 디자인을 맡아 주신 필드가이드의 김경화 대표님과 이종렬 편집장님께도 깊은 감사를 드린다.

2011년 7월 김성수

〈각 부분 명칭〉

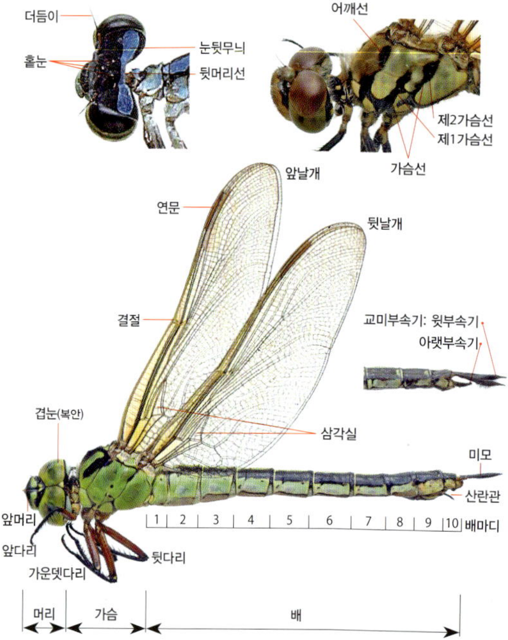
더듬이
홑눈
눈뒷무늬
뒷머리선
어깨선
제2가슴선
제1가슴선
가슴선
앞날개
연문
뒷날개
결절
교미부속기: 윗부속기
아랫부속기
겹눈(복안)
삼각실
미모
산란관
1 2 3 4 5 6 7 8 9 10 배마디
앞머리
앞다리
가운뎃다리
뒷다리
머리
가슴
배

잠자리는 어떤 곤충인가

잠자리는 곤충 중에서 크고 흔하며, 눈길을 끌 만한 색뿐 아니라 생김새가 흥미로워 퍽 친근한 곤충이다. 분류면에서 잠자리(잠자리목, Odonata)는 절지동물문(Arthropoda), 곤충강(Insecta), 유시아강(Pterygota)에 속한다. 우리나라에는 배 끝의 부속기, 앞날개와 뒷날개의 생김새, 날개맥의 차이 등에 따라 실잠자리아목(균시아목, Zygoptera)과 잠자리아목(불균시아목, Anisoptera)으로 나눈다.

머리는 가슴보다 폭이 넓고 목처럼 가늘게 생긴 앞가슴과 이어져서 자유로이 돌릴 수 있다. 3개의 작은 홑눈과 한 쌍의 큰 겹눈이 머리의 대부분을 차지한다. 겹눈은 실잠자리아목이 머리 양쪽에 치우치고, 겹눈의 폭보다 크나 잠자리아목에서는 겹눈이 서로 붙는다. 더듬이는 3-7마디의 짧은 털 모양으로 되어 있다. 입은 씹기에 좋고 예리한 이빨이 있는데, Odonata가 '이빨을 지닌 턱'이라는 뜻이어서 이 특징을 잘 보여준다.

앞가슴은 작고, 그 밑으로 1쌍의 앞다리가 나온다. 실잠자리아목은 짝짓기를 할 때, 수컷이 암컷의 앞가슴을 잡는 관계로 앞가슴등판의 생김새가 종마다 조금씩 다르다. 가운뎃가슴과 뒷가슴은 붙은 채로 덩어리를 이루는데, 날개가슴(翅胸)이라고 부른다. 날개가 강인한 잠자리아목에서는 날개가슴이 크고 두껍다. 또 날개가슴은 등 쪽이 뒤로 향하고, 배 쪽이 앞으로 나온다. 날개는 실잠자리아목에서 앞날개와 뒷날개의 맥 모양이 같으나 잠자리아목에서는 뒷날개의 날개 밑 가까이가 앞날개보다 넓어지므로 다르다. 잠자리아목은 앉을 때 날개를 등 위로 접어 올리지 않고 펼친다. 날개맥은 여러 가로맥과 여기에서 나온 세로맥 때문에 많은 방이 생긴다. 이 방이 2,000개 이상 되는 종류도 있다. 또 가로맥은 교대로 위로 튀어나오거나 들어가 있어 날개를 만지면 깔끄럽게 느껴진다. 날개 끝에 연문이라는 불투명한 부분이 있다.

다리는 넓적다리마디의 안쪽에 바늘 모양의 돌기가 나 있는데 먹이를 잡아 가둘 수 있다. 또 가늘어서 움켜쥐기에 알맞지만 걷기에는 알맞지 않다. 종아리마디 또는 넓적다리마디는 편평하고 눈에 잘 띄는 색을 가진 종이 많으며, 짝짓기 행동을 하는 데 있어서 특별한 역할을 한다. 배는 모두 10마디이고, 가늘고 긴 원통 모양이다. 수컷의 생식기는 제9배마디에 있고, 부생식기는 제2, 3배마디 아래에 있다. 이 구조가 종마다 달라서 분류할 때 중요한 기준이 된다. 암컷의 생식공은 제8, 9배마디에 있다. 잠자리아목의 몇몇 종에서는 산란관이 잘 발달하여 식물 조직을 잘라 그 속에 알을 낳기도 한다. 배 끝 미모한 쌍은 종마다 생김새가 다르다. 숨관은 가운뎃가슴과 뒷가슴에 한 쌍, 배에 8쌍이 있다.

현재 잠자리는 세계에 5,000여종이 있으며, 우리나라는 2아목 11과 115종이 있다.

잠자리의 생활사

잠자리는 안갖춘탈바꿈을 하므로 번데기 시기가 없다. 갓 낳은 알은 수일에서 수개월이 지나야 깨나는데, 처음에는 다리가 없다가 몇 분 후 다리가 생기는 애벌레로 탈바꿈한다.

애벌레의 머리는 겹눈과 더듬이, 입이 있으며, 가슴에 3쌍의 다리가 있고, 배는 10마디로 이루어진다. 어른벌레와 특별히 다른 점은 머리 아래에 아랫입술이 바뀐 포획가면이 있어, 이것을 앞으로 뻗어 먹이를 붙잡는다는 점과 날개가 없다는 점, 아가미호흡을 하며 물속에서 산다는 점 등이다. 애벌레는 살아있는 작은 동물을 잡아먹고, 물속에서 13회 정도 탈바꿈하며, 한 세대가 자라서 3-10 개월(1세대 1년)의 것과 십수 개월(1세대 2년)의 것이 있다. 날개돋이 때가 되면 애벌레는 물가에 자라는 식물의 줄기에 올라가 다리로 붙잡은 상태로 허물의 등 쪽이 갈라지면서 가슴, 머리, 날개, 다리의 순으로 나오고 배가 나오지 않은 상태로 수분에서 수십 분을 쉰다. 이때 배로 상체를 지탱하여 머리와 가슴을 높게 하는 직립형(直立型)과 배를 활처럼 구부려 머리와 가슴을 아래로 내려뜨리는 도수형(倒垂型)이 있다. 드디어 다리로 식물 줄기를 붙잡고 그 힘으로 배를 꺼내어 날개와 배가 늘어나는데, 차츰 색이 짙어지고 딱딱해지면서 날개돋이가 끝나게 된다. 이후 며칠 동안 몸과 날개가 여린 상태이고 성적으로도 미숙하다. 이 기간에는 날개돋이 한 장소에서 근처의 풀밭이나 숲으로 옮겨가 먹이사냥을 한다. 이동거리가 종에 따라서 수십 또는 수백㎞에 이르기도 한다.

어른벌레는 아주 빠르게 날고 공중에서 정지나 후퇴도 가능한데, 이것은 앞날개와 뒷날개를 따로 움직일 수 있기 때문이다. 몸이 완전히 굳어 수컷의 정소가 발육하면 몸 색도 뚜렷해진다. 성숙한 수컷은 애벌레가 살 만한 장소로 돌아와 암컷을 기다리게 된다. 이때 왕잠자리류는 큰 연못을 돌지만 고추잠자리 무리는 작은 연못에서 한 자리에 앉아 점유행동을 한다.

암컷은 성숙하여 난소가 발육하면 알을 낳기 적당한 장소를 골라 물가를 돌아다닌다. 그곳에서 기다리던 수컷과 짝짓기를 하는데, 종에 따라 방식이 다르다. 짝짓기는 몇 초 안에 끝나기도 하지만 몇 시간 동안 하는 경우도 있다. 짝짓기가 끝나면 곧바로 또는 조금 후에 알을 낳기 시작한다. 이때에 수컷과 결합한 상태로 하거나 수컷이 경호비행 하는 아래에서 하고, 때로는 홀로 알을 낳기도 한다. 또 식물의 조직 속에 알을 낳는 종류, 모래나 진흙 속에 낳는 종류, 수면에 배 끝을 대고 알을 떨어뜨리는 종류, 공중에서 알을 떨어뜨리는 종류 등 다양하다. 같은 종이더라도 두 가지 이상의 방법으로 알을 낳기도 한다. 잠자리는 종에 따라 각각 알, 애벌레, 어른벌레 등 다양한 상태로 겨울을 난다.

잠자리가 사는 물 환경

잠자리는 물이 있어야 한다. 알을 낳고, 애벌레가 자라는 물 환경은 잠자리라는 곤충이 존재할 수 있는 곳이다. 우리나라는 예부터 논농사를 위해 일정하지 않은 강수량에 대비하여 물을 가둔 곳이 많았고, 산이 많아 여러 물 환경을 만들었다. 가두어지고 흐르는 물이 있어 잠자리의 다양성도 그만큼 높아지게 되었다. 다양한 잠자리의 물 환경은 흐르는 물과 고인 물로 나눌 수 있다.

〈흐르는 물〉

- **이끼가 있고, 조금씩 흐르는 물** —한라산의 관음사와 돈내코 계곡은 화산암으로 이루어져 비가 와도 금세 물이 스며들어 계곡에 물이 많지 않다. 하지만 주변 숲 속에는 낙엽이 쌓이고, 이끼가 많아 물을 머금고 있다가 천천히 흘러내리는 곳이 있다. 이런 곳에 한라별왕잠자리가 산다.
- **상류 지역** —산지 계곡의 상류에는 물이 적고, 수온이 낮다. 이곳에 쇠측범잠자리와 물잠자리가 산다. 또

어둡고 진흙이 깔린 작은 계류에는 장수잠자리가 살지만, 밝은 계류에는 날개띠고추잠자리와 백두산북방잠자리가 산다.

- **중류 지역** —수량이 점차 풍부해지고, 흐름이 점차 빨라지는 곳에는 모래톱도 생긴다. 이런 곳은 검은물잠자리, 호리측범잠자리, 측범잠자리, 잔산잠자리, 노란잔산잠자리 등이 산다.
- **중류 지역의 흐름이 약한 습지** —물의 양이 많고 햇빛양이 충분한 곳으로 수생식물이 풍부하다. 이런 장소에는 밥풀실잠자리, 장수측범잠자리, 넓은배측범잠자리가 산다.

〈고인 물〉

- **물풀이 없거나 적은 둠벙, 웅덩이, 저수지** —햇빛양이 많고, 종간 경쟁이 심한 장소로, 우리나라 농촌 환경에 많다. 이런 장소에는 왕잠자리, 산잠자리, 언저리잠자리 붉은배잠자리, 밀잠자리, 부채장수잠자리 등이 산다.
- **물풀이 많은 밝은 못** —경남 창녕군 우포늪처럼 부유식물이 가득한 못에는 새노란실잠자리, 노란실잠자리,

푸른아시아실잠자리, 나비잠자리, 노란허리잠자리, 날개잠자리, 어리밀잠자리 등이 산다. 실제 우포늪은 면적이 넓어 여러 형태의 물 환경을 만들어 냄으로써 매우 다양한 잠자리들이 살고 있다.

- **키 큰 수생식물이 많은 못** —갈대, 물억새와 피뿌리풀이 못을 덮을 정도로 자란다. 이런 사이에서 숨거나 줄기에 알을 낳는 넉점박이잠자리, 긴무늬왕잠자리, 대모잠자리 등이 산다.
- **연으로 덮은 못** —사찰이나 연을 재배할 목적으로 만든 못에는 자란 연잎이 수면을 덮는다. 이런 장소를 좋아하는 새노란실잠자리, 묵은실잠자리, 가는실잠자리, 작은등줄실잠자리, 두점박이고추잠자리, 하나고추잠자리 등이 산다.
- **숲 가의 밝은 못** —숲 가장자리의 자연스레 생긴 못에는 여러 물풀과 수서곤충이 많다. 이런 곳에는 큰청실잠자리, 참별박이왕잠자리, 밑노란잠자리 등이 산다.
- **거의 육지화되는 습지** —묵은 논이나 산지의 오목한 곳에 자연스레 생긴 습지는 비가 내릴 때에만 물이 고인다. 이런 곳에는 배치레잠자리, 가시측범잠자리, 끝

빨간실잠자리, 아시아실잠자리, 꼬마잠자리, 큰밀잠자리 등이 산다.

- **고도가 높은 습지** —기온이 낮고, 계류 옆에 자연스레 생긴 작은 못에는 별박이왕잠자리, 진주잠자리 등이 산다.
- **논** —사람이 경작하는 논은 인공적으로 여름 내내 물이 고인다. 이런 곳에는 중간밀잠자리, 고추잠자리, 작은고추잠자리, 홀쭉밀잠자리, 아시아실잠자리 등이 산다.

1. 종의 배열은 하등한 것부터 고등한 것 순으로 하였으나 설명을 적절히 하기 위해 위치를 변경하기도 했다.
2. 한국명과 학명은 되도록 최신의 것으로 했으며, 논란이 되는 종류는 가장 합리적인 것을 찾았다. 내용 설명은 지면 관계상 생김새와 간략한 생태적 정보를 넣어 야외에서 참고하기 쉽도록 하였다.
3. 서식지, 개체수, 뒷날개와 배 길이, 출현기, 북한 이름을 따로 묶었다.
4. 여기에 실린 잠자리는 실제 크기와 차이가 있다. 뒷날개와 배 길이 항목을 참고하면 실제 크기를 판단할 수 있다. 또 수컷은 ♂, 암컷은 ♀으로 표시하였고, 미숙한 경우에만 미숙이라 하였다.
5. 구별하기 어려운 종은 유사종 비교 항을 따로 두었다.
6. 자세한 동정을 위해 중요한 부분을 네모로 표시하고, 각 종 오른쪽 위에 이 부분을 크게 실었다.
7. 설명 중에서 직접 인용한 참고문헌은 다음과 같다.
    - 아사히나 쇼지로(朝比奈 正二郎), 1990. 朝鮮半島の蜻蛉相に關する知見總括(5) Gekkan-Mushi 231: 15-19.
    - 도이 간초(土居 寛暢), 1932. 昆蟲雜記(2). 朝鮮博物學會誌, 14: 64-78.

- 이승모, 2001. 韓半島産 잠자리(蜻蛉)目 昆蟲誌. 정행사. 서울. 229pp.
- 정광수, 2007. 한국의 잠자리 생태도감. 일공육사. 서울. 512pp.
- Jung K.S. et al., 2011. First record of the genus *Brachydiplax* (Odonata: Libellulidae) from Korea. *Entomological Research* 41(3): 106-133

8. 여기에 실린 종은 모두 11과 95종이다.

〈도와주신 분〉

국립중앙과학관 102, 123, 128, 129, 132, 133, 152, 165, 248, 249, **국립중앙과학관의 안승락 실장님, 고 이승모 님, 이영준 님, 이종렬 님, 현진오 님**

검은물잠자리

Atrocalopteryx atrata Selys, 1853

몸은 광택이 강한 금록색이며 무늬가 없으나 수컷이 조금 푸른색을 띤다. 날개는 수컷이 청자색기가 있는 검은색, 암컷은 검은 갈색이다. 다리는 검다. 물이 탁하고 흐름이 약한 하천에서 사는데, 서식환경의 폭이 넓다. 특히 피뿌리풀과 물억새 따위가 많은 곳을 좋아한다. 수컷끼리는 서로 쫓아다니며 텃세를 부린다. 암컷은 홀로 알을 낳는다. 일본, 중국 중부, 러시아(시베리아 남부)에 분포하고, 국내에는 전국에 분포한다.

서식지	물이 탁한 하천, 강
개체수	매우 흔함
뒷날개	42-50㎜
배길이	36-44㎜
출현기	5월말-10월초
북한이름	검은실잠자리

암컷 머리

수컷 가슴

암컷의 알낳기

물잠자리와 다른 점: 날개가 검다. 몸이 조금 크다. 날개 폭이 좁고 길다. 암수 모두 연문이 없다. 얼굴이 검다.

물잠자리

Calopteryx japonica Selys, 1869

몸은 금속성 광택이 강한 풀색을 띠는데, 암컷 쪽이 조금 어둡다. 암컷의 날개는 거의 검지만 밝으며, 날개 끝 앞쪽으로 유백색 연문이 뚜렷하다. 주변에 물억새가 우거진 깨끗한 시내 물 위를 날아다닌다. 서식지를 멀리 떠나지 않으며, 암컷은 홀로 수생식물의 물속 줄기에 알을 낳는다. 일본, 중국 동북부, 러시아(아무르, 시베리아 중부)에 분포하고, 국내에는 섬 지방을 뺀 전국에 분포한다.

서식지	물이 맑은 시냇가
개체수	흔함
뒷날개	31-40㎜
배길이	41-45㎜
출현기	5-8월
북한이름	푸른물실잠자리

수컷 머리

수컷 가슴

수컷 배끝마디

이밖에 물잠자리과에는 일본물잠자리(*C. cornelia*) 와 담색물잠자리(*Mnais pruinosa*), 검은날개물잠자리(*Matrona basilaris*)의 3종이 우리나라에 기록이 있는데, 생물지리학적으로나 서식지의 성격 등으로 볼 때 잘못된 것으로 보인다.

검은물잠자리 ♂

물잠자리 ♂

검은물잠자리 ♀

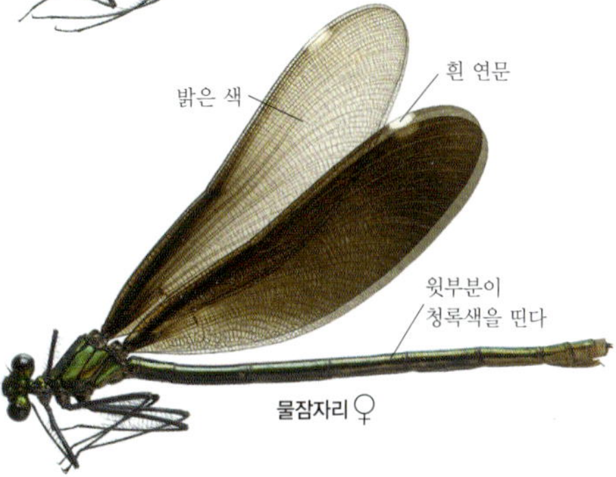

물잠자리 ♀

작은(좀)청실잠자리

Lestes japonicus Selys, 1883

가슴 위가 금록색이고, 뒷머리 뒤로 옅은 노란색을 띤다. 금속성 광택이 강한 풀색을 띠는데, 암컷 쪽이 조금 어두우며, 수컷은 파란색, 암컷은 노란색이 조금 짙다. 수컷은 제9, 10배마디가 청백색이며 날개는 별무늬가 없고 큰청실잠자리보다 폭이 조금 넓다. 늪이나 연못 주위의 조금 어두운 그늘의 물억새풀 아래에 잘 붙는다. 암컷은 수컷과 이어진 채로 물억새 줄기 속에 알을 낳는다. 일본과 중국에 분포하고, 국내에는 경기도, 전라북도, 경상남북도에 분포한다.

서식지	평지의 물풀이 많은 못, 늪
개체수	드묾
뒷날개	18-22㎜
배길이	28-30㎜
출현기	5월말-10월
북한이름	작은날개파란실잠자리

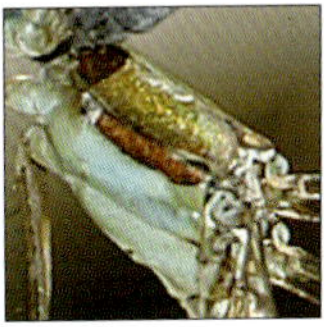
암컷 가슴

수컷 가슴 위

수컷 배끝마디

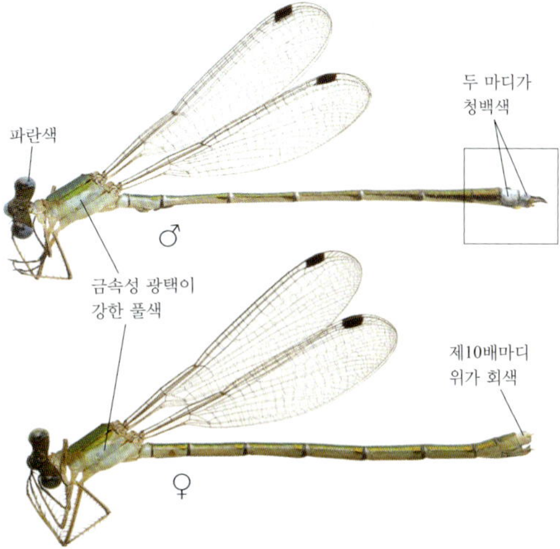

큰청실잠자리

Lestes temporalis Selys, 1883

작은청실잠자리와 닮았으나 조금 크며, 이 종의 수컷은 제10배마디가 청백색이다. 청실잠자리속은 앉을 때 날개를 펴는 습성이 있다. 작은청실잠자리와 달리 나무가 우거진 못에 사는데, 이것은 암컷이 딱딱한 나무 조직 속에 알을 낳을 수 있기 때문으로 보인다. 일본과 러시아(우수리)에 분포하고, 국내에는 경기도와 강원도 영서, 경상남도 일부 지역에 분포한다.

서식지	산지의 물풀이 많은 못
개체수	비교적 흔함
뒷날개	23-29㎜
배길이	33-40㎜
출현기	6월말-10월
북한이름	없음

수컷 가슴 위

암컷 가슴

수컷 배끝마디

이밖에 우리나라에는 청실잠자리(*L. sponsa*)와 북청실잠자리(*L. dryas*)가 있으며, 두 종 모두 추운 지역에 적응해 북한에 분포한다.

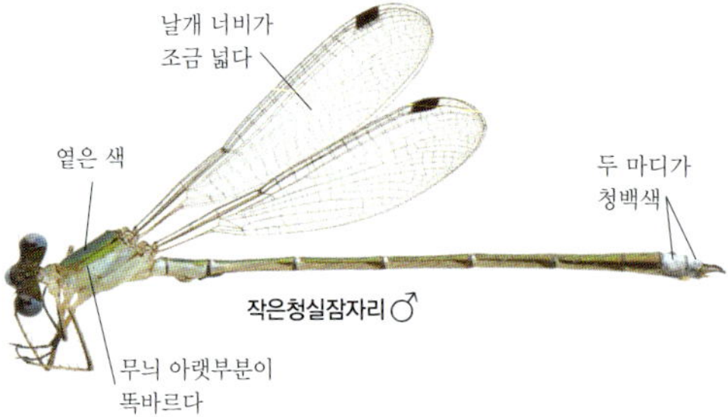

작은청실잠자리 ♂

큰청실잠자리 ♂

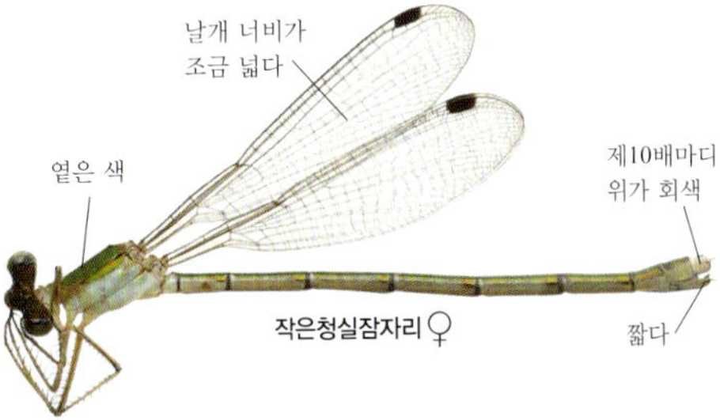

작은청실잠자리 ♀

큰청실잠자리 ♀

가는실잠자리

Indolestes peregrinus Ris, 1916

암수 차이가 거의 없으며, 미숙할 때 옅은 갈색 바탕이나 성숙해지면 수컷은 하늘색으로, 암컷은 갈색을 머금은 하늘색으로 변한다. 장마 후 날개돋이 하고 산으로 멀리 이동하여 가을까지 억새 줄기에 앉아 먹이사냥을 한다. 어른벌레 상태로 겨울을 난다. 이듬해 5-6월경 물풀이 많은 못으로 날아와 암수가 이어진 채로 세모고랭이 등의 줄기 조직 속에 알을 낳는다. 일본과 중국 중부에 분포하고, 국내에는 전국에 분포한다.

서식지	산지의 물풀이 많은 못
개체수	비교적 흔함
뒷날개	19-22㎜
배길이	28-32㎜
출현기	7월-이듬해 6월
북한이름	가는실잠자리

짝짓기 중 알을 낳는 암컷

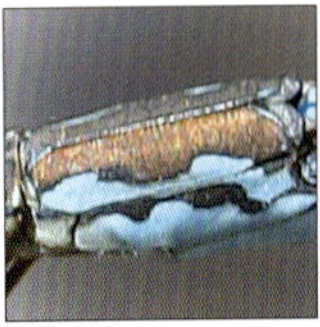
수컷 가슴

수컷 배끝마디

암컷 배끝마디

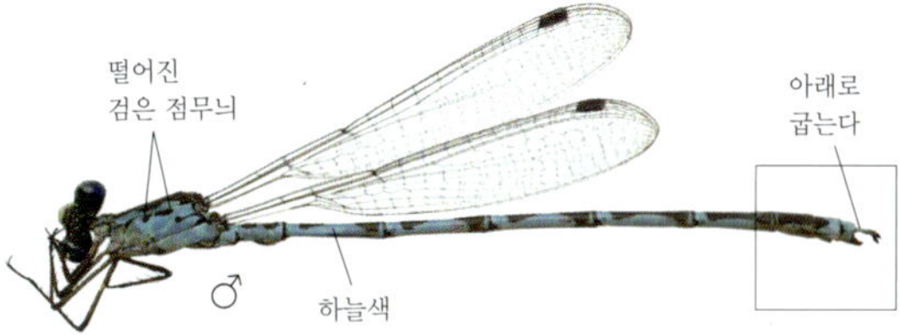

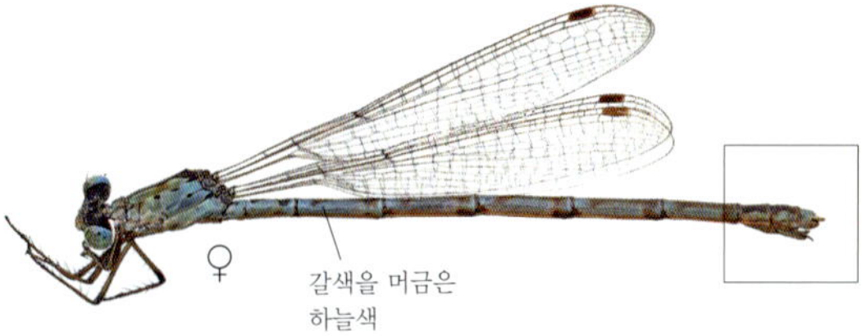

묵은실잠자리

Sympecma paedisca Brauer, 1877

몸은 갈색 바탕에 적동색 무늬가 있으며, 성숙해도 색은 그대로 일 때가 많다. 무늬와 색채는 암수가 거의 같다. 날개가슴 앞 띠무늬 옆에 튀어나온 부분이 1쌍 있다. 갈대, 부들, 붓꽃 등이 많은 못에서 살며, 높은 산지에도 있다. 어른벌레로 월동하며 생태 습성은 가는실잠자리와 거의 같다. 일본, 중국(동북부, 북부), 몽골, 중앙아시아, 극동아시아, 남러시아, 유럽 중부까지 넓게 분포하고, 국내에는 제주도와 울릉도를 뺀 전국에 분포한다.

서식지	산지의 물풀이 많은 못
개체수	매우 흔함
뒷날개	21-24㎜
배길이	26-31㎜
출현기	7월-이듬해 6월
북한이름	묵은실잠자리

♀ 마른 풀에 잘 앉는다

♂

마른 잎과 닮은 몸 색

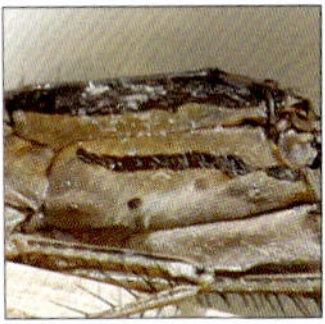
수컷 가슴

수컷 배끝마디

암컷 배끝마디

밥풀(방울)실잠자리

Platycnemis phyllopoda Djakonov, 1926

수컷의 가운뎃다리와 뒷다리에 밥풀 같은 부속물이 달렸다. 미숙할 때에는 적갈색이다가 차츰 파란빛을 띠게 된다. 못 주변에서 멀리 떠나지 않으며, 수컷은 날 때에 다리 부속물이 잘 눈에 띈다. 한 해에 여러 번 나타나며, 늘 못 주변에서 볼 수 있다. 수컷과 암컷이 이어진 채로 물 밖 식물체에 알을 낳는다. 중국(중부, 동북부), 러시아(우수리)에 분포하고, 국내에는 울릉도 등 몇몇 섬을 뺀 전국에 분포한다.

서식지	물풀이 많은 못이나 작은 개울
개체수	매우 흔함
뒷날개	24㎜ 안팎
배길이	36㎜ 안팎
출현기	5-9월
북한이름	부채실잠자리

연한 몸
윤기가
있다
♂ 미숙
갈색
옅은
갈색

등 전체가
검다
가시가
있다
♀ 미숙

수컷 다리

수컷 배끝마디

암컷 배끝마디

가늘고
흰 줄
옅은
황록색
♀

♀ 미숙
붉은색을 띤다

자실잠자리

Copera annulata Selys, 1863

황갈색 바탕에 검은 줄무늬가 있다. 수컷은 제9, 10배마디 등 쪽이 청백색, 암컷은 제10배마디가 황백색인 점이 다르다. 미숙할 때 수컷의 황백색 부분이 차츰 청백색으로 변하고, 암컷은 풀색을 띤다. 날개돋이 후 물가를 떠나 부근 억새밭에 옮겨가 먹이사냥을 한다. 이름 앞 '자'는 길이를 재는 자를 뜻하며, 몸통의 흰 마디가 자의 눈금처럼 보인다. 일본, 중국(중부, 서부)에 분포하고, 국내에는 현재 전라남도 화순 부근에만 보인다.

서식지	평지의 그늘진 못
개체수	드묾
뒷날개	19-25㎜
배길이	31-38㎜
출현기	5월말-9월
북한이름	자실잠자리

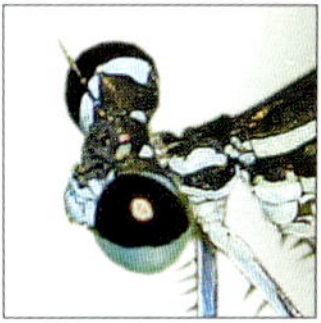
수컷 머리

암컷 가슴

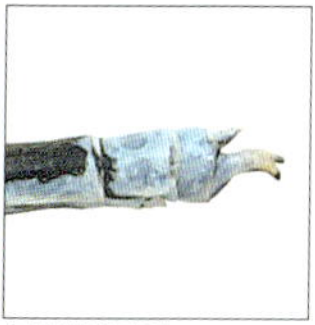
수컷 배끝마디

큰자실잠자리

Copera tokyoensis Asahina, 1948

자실잠자리와 닮았으나 더 크고, 날개가슴의 어깨 무늬가 가늘며 특히 수컷에서 이 무늬가 없기도 한다. 수컷은 제9배마디가 검고, 암컷은 제10배마디 등에 검은 부분이 있어 다르다. 가운뎃다리와 뒷다리에 앞 종처럼 흰 부분이 있다. 갈대와 부들이 가득한 못에서 풀 사이를 천천히 날아다니며 먹이사냥과 짝짓기를 한다. 일본(혼슈, 쓰시마)과 중국(중부, 남부)에 분포하고, 국내에는 서울(길동생태공원), 경기도, 전라북도에 분포한다.

서식지	평지의 확 트인 못
개체수	드묾
뒷날개	21-26㎜
배길이	33-39㎜
출현기	5-7월
북한이름	없음

수컷 가슴

수컷 배끝마디

암컷 배끝마디

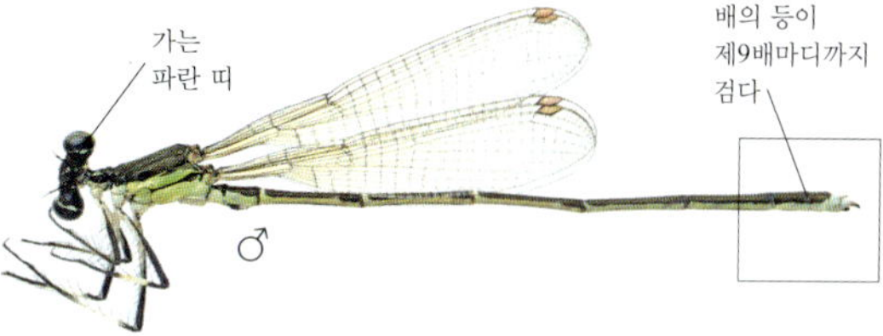

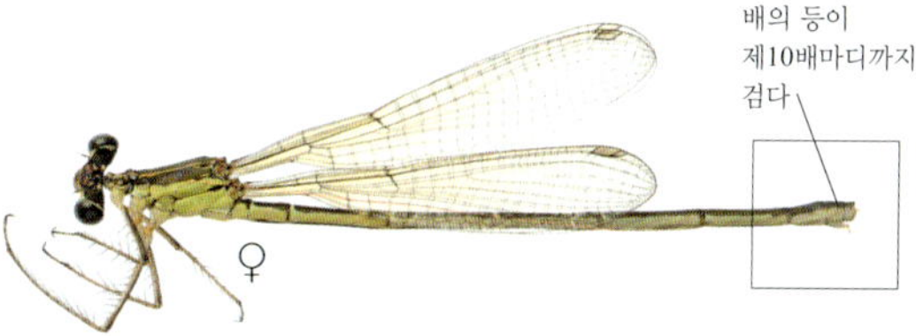

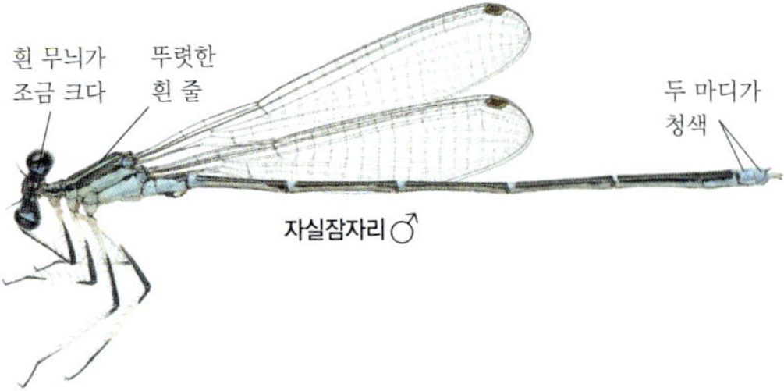

자실잠자리 ♂

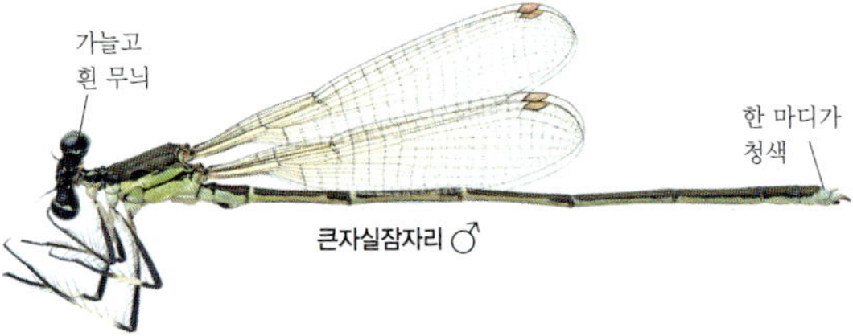

큰자실잠자리 ♂

자실잠자리♀

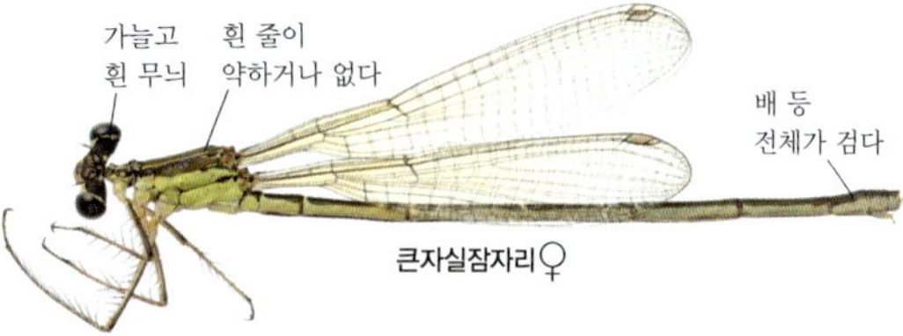

큰자실잠자리♀

끝빨간(황등색)실잠자리

Mortonagrion selenion Ris, 1916

수컷의 배는 노란기가 많은 옅은 황갈색에 검은 무늬가 있고, 배 끝이 뚜렷한 등황색이다. 암컷은 미숙할 때 몸 전체가 무늬가 없는 등황색이다가 차츰 풀색으로 변하고, 배 등이 검어진다. 특이하게 눈뒷무늬(안후문)가 'V'자 모양이다. 묵은 논이나 둠벙에서 아침 일찍 날개돋이 하여 주변을 떠나지 않은 채 낮게 날아다닌다. 일본, 중국 중부, 러시아(연해주)에 분포하고, 국내에는 중부와 북부 지방에 분포한다.

서식지	둠벙, 묵은 논, 습지
개체수	흔함
뒷날개	12-17㎜
배길이	18-23㎜
출현기	6-7월이나 가끔 9월까지
북한이름	반달실잠자리

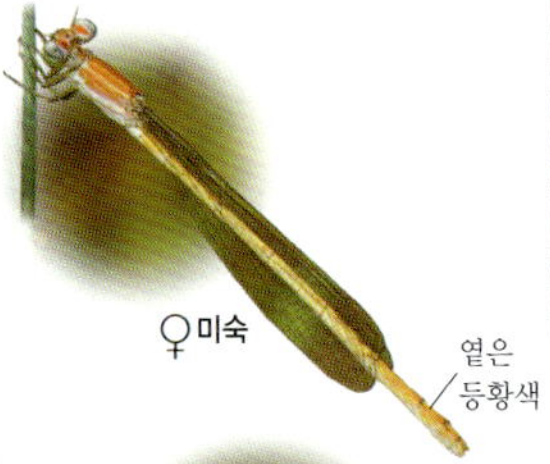

수컷 머리

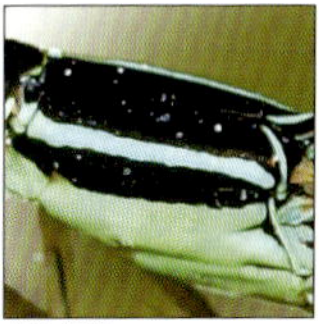
수컷 가슴

수컷 배끝마디

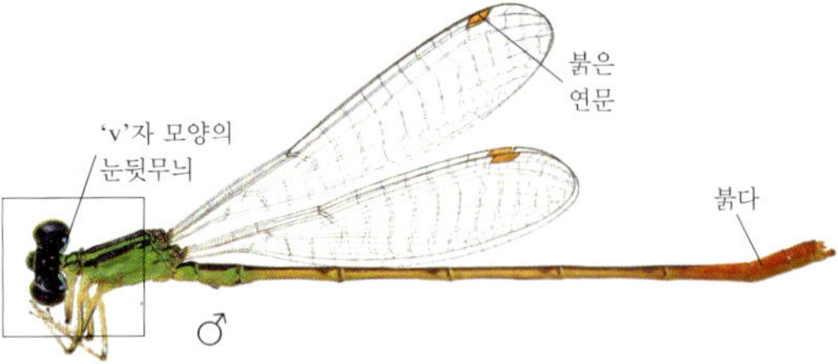

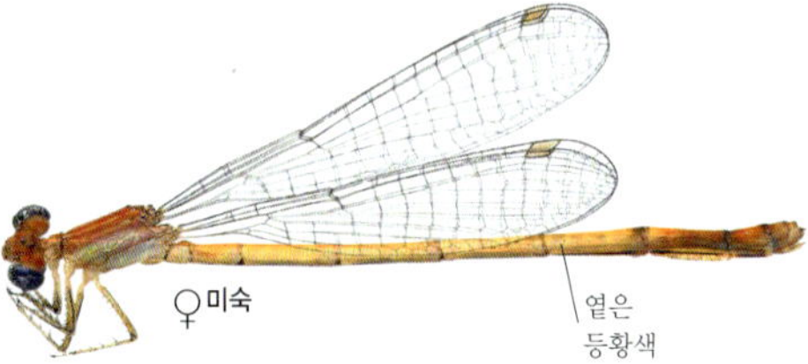

노란실잠자리

Ceriagrion melanurum Selys, 1876

암수 모두 머리와 가슴의 바탕색이 옅은 풀색이며 검은 무늬가 없다. 앞머리에는 뚜렷한 가로줄무늬가 하나 있다. 수컷의 배는 밝은 노란색으로 제7-10배마디 등에 검은 무늬가 있다. 암컷의 배가 연두색이다. 서식지 둘레를 떠나지 않은 채 수컷은 몸을 떨 듯 낮게 날아다닌다. 놀라면 낮게 툭 떨어져 피한다. 일본과 중국(중부, 남부)에 분포하고, 국내에는 북부의 산지를 뺀 전국에 분포한다.

서식지	평지와 낮은 산지의 습지, 못, 웅덩이
개체수	흔함
뒷날개	15-22㎜
배길이	25-32㎜
출현기	6-10월초
북한이름	참노란실잠자리

수컷 머리

수컷 가슴

수컷 배끝마디

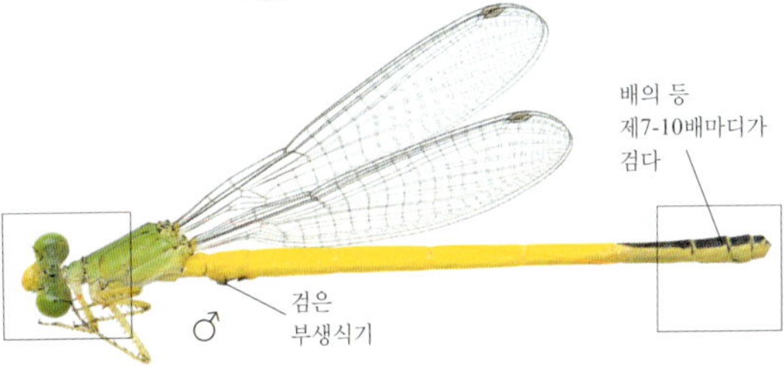

연분홍실잠자리

Ceriagrion nipponicum Asahina, 1967

수컷의 몸은 전체가 붉은색이며, 별 무늬가 없다. 머리와 가슴은 조금 어둡다. 윗부속기를 위에서 보면 거의 삼각형이다. 암컷은 전체가 등갈색이며 뚜렷한 무늬가 없다. 성숙 정도에 따른 색 변화가 거의 없다. 연못이나 작은 개울 둘레에서 낮게 날아다니므로 짝짓기 광경도 종종 볼 수 있다. 일본과 중국 중부에 분포하고, 국내에는 충청북도 청주와 전라남북도에 분포하는 것으로 알려졌으나 글쓴이는 제주도에서도 발견하였다.

서식지	평지의 습지, 연못, 작은 개울
개체수	비교적 흔함
뒷날개	18-23㎜
배길이	27-31㎜
출현기	6-9월
북한이름	없음

수컷 머리와 가슴

암컷 가슴

수컷 배끝마디

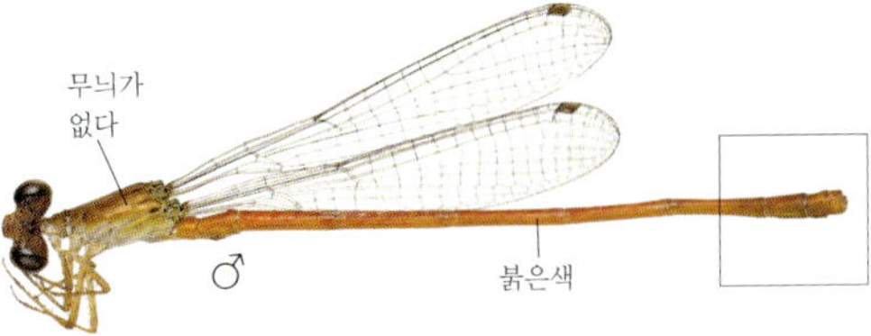

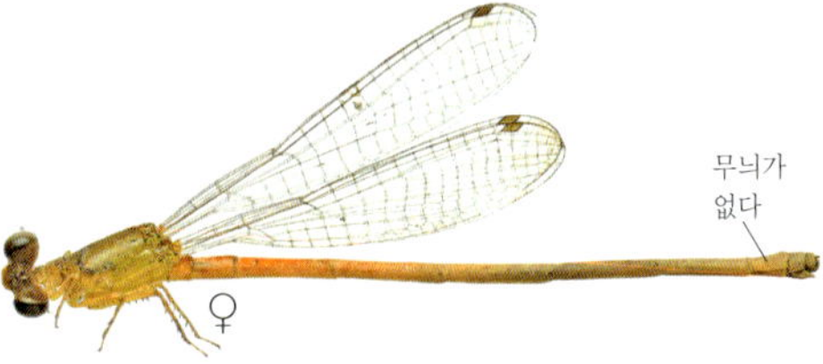

새노란실잠자리

Ceriagrion auranticum Fraser, 1922

연분홍실잠자리와 닮았으나 수컷은 겹눈이 푸른색, 날개가슴 앞이 황록색이어서 다르고, 배 끝 부속기가 다르다. 암컷도 이 종에서 제7-10배마디 위에 검은 무늬가 나타난다. 성숙 정도에 따른 변화는 거의 없다. 침수식물, 부엽식물, 부들 등이 많은 못이나 습지에서 낮게 날며, 암수가 이어진 채로 알을 낳는다. 일본 남부, 타이완, 중국(중부, 남부)에 분포하고, 국내에는 현재까지 제주도에만 분포한다.

서식지	평지의 습지, 연못
개체수	비교적 흔함
뒷날개	17-23㎜
배길이	28-35㎜
출현기	7-10월
북한이름	없음

수컷 머리

수컷 가슴

암컷 배끝마디

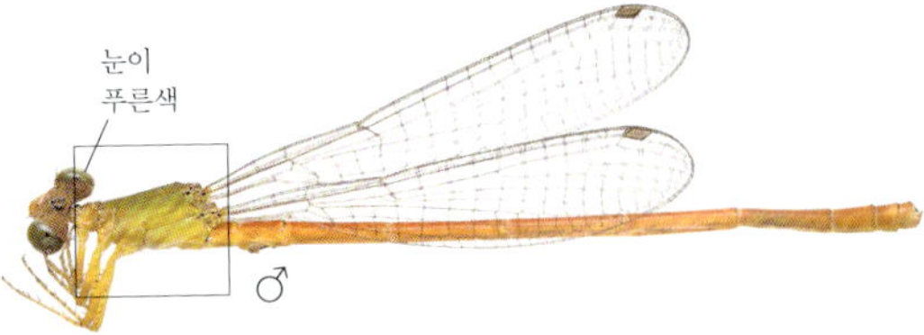

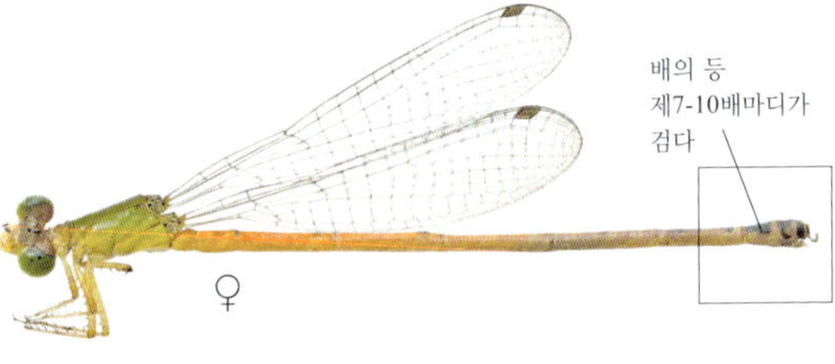

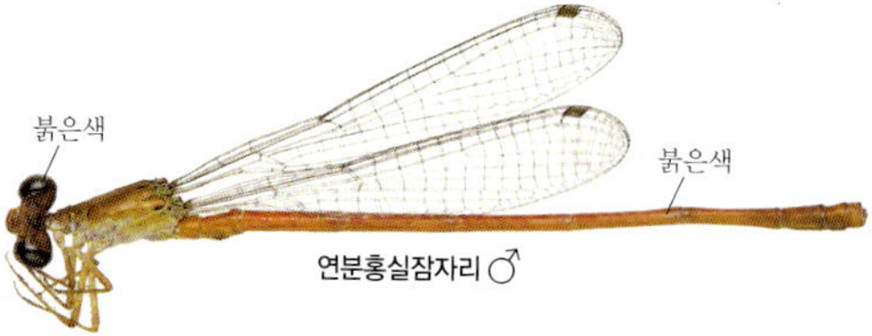

연분홍실잠자리 ♂

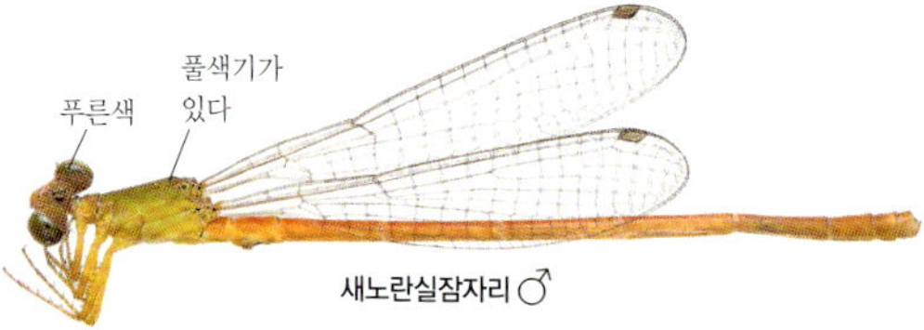

새노란실잠자리 ♂

연분홍실잠자리♀

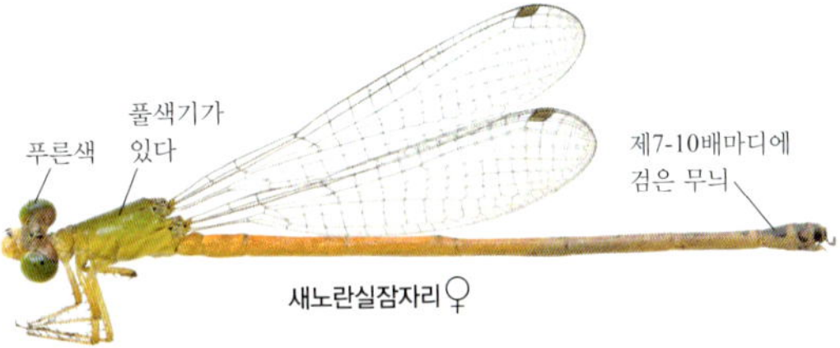

새노란실잠자리♀

작은실잠자리

Aciagrion migratum Selys, 1876

몸이 가늘고 길며, 여름 개체와 가을에 나타나 겨울을 나는 개체가 조금 다르다. 성숙하면 여름 개체는 몸이 하늘색으로 등에 검은 무늬가 있으나 겨울을 나는 개체는 옅은 갈색으로 검은 무늬 대신 날개가슴 앞의 중앙 줄무늬가 가늘게 갈색이 된다. 눈뒷무늬는 뒷머리선으로 이어진다. 물풀이 많은 오래된 연못에서 풀에 잘 앉는다. 일본, 타이완, 중국 중부에 분포하고, 국내에는 과거 경상북도 청도에 기록이 있었으나 현재 제주도만 보인다.

서식지	평지의 오래 된 연못
개체수	매우 드묾
뒷날개	15-17㎜
배길이	24-26㎜
출현기	7월-이듬해 6월초
북한이름	없음

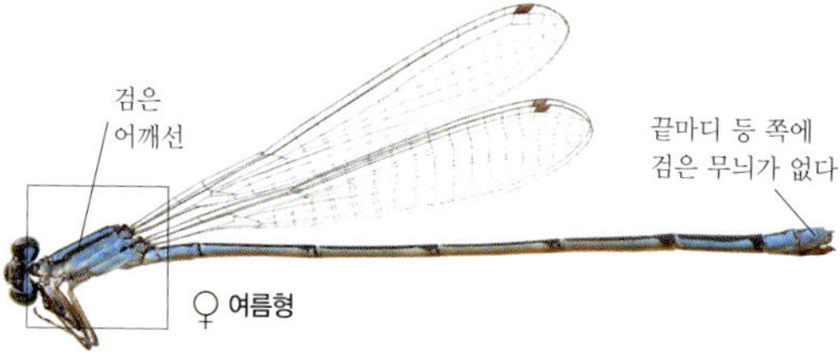

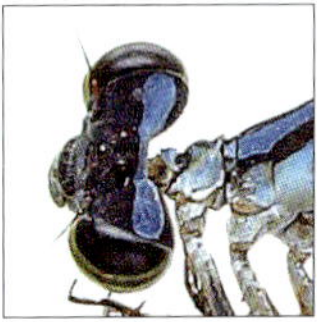
수컷 머리

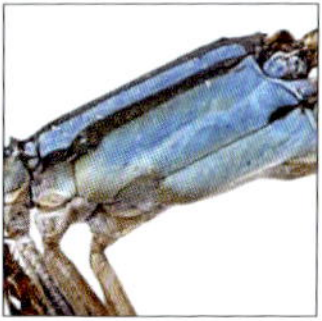
암컷 가슴

수컷 배끝마디

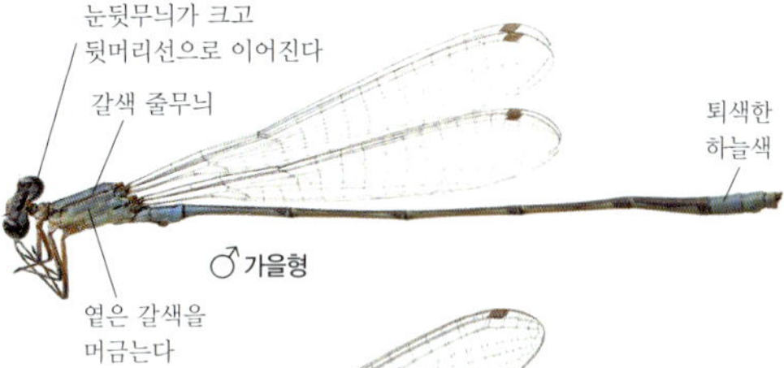

♂ 가을형

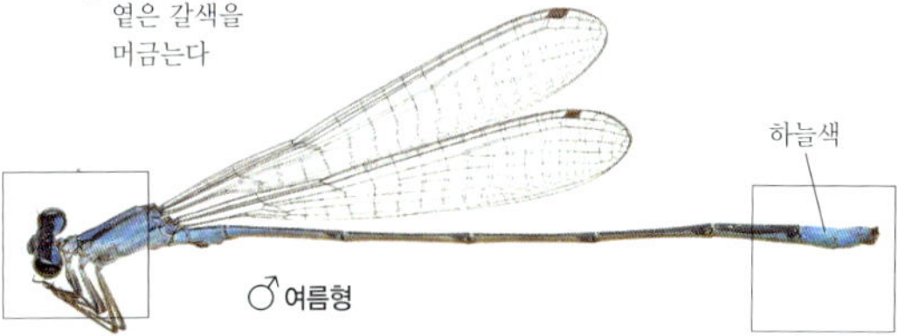

♂ 여름형

푸른아시아실잠자리

Ischnura senegalensis Rambur, 1842

수컷은 청록색으로 등이 검다. 눈뒷무늬가 작고, 제8배마디는 청록색이다. 암컷은 수컷과 색이 같거나 다른데, 다른 색을 띤 암컷은 바탕이 등적색으로 어깨선이 없다. 또 제1, 2배마디는 거의 등색이나 성숙하면 오염된 풀색으로 변한다. 물에 잠기거나 떠있는 물풀이 많은 곳에서 날아다니며, 암컷은 홀로 알을 낳는다. 일본, 타이완, 중국 남부, 동남아시아, 아프리카에 분포하고, 국내에는 충청남도 해미천 이남에 분포한다.

짝짓기

서식지	바다와 가까운 못, 용수로
개체수	매우 흔함
뒷날개	**15-18㎜**
배길이	**23-25㎜**
출현기	**5-10월**
북한이름	푸른무늬실잠자리

미숙할 때
줄무늬가 없고
조금 붉다
등 쪽이
검다
♀ 미숙

제7배마디 아래
청록색이 없음
♂

수컷 가슴

암컷 가슴

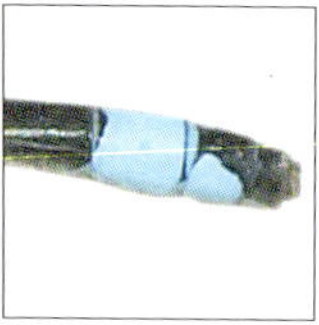

수컷 배끝마디

〈푸른아시아실잠자리의 개체 색변이〉

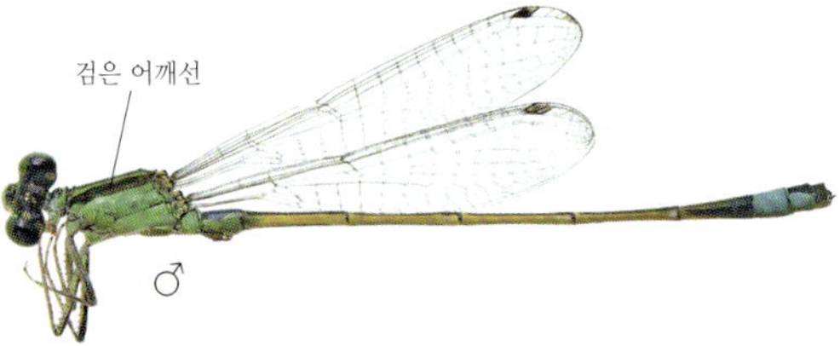

♀ 동색형

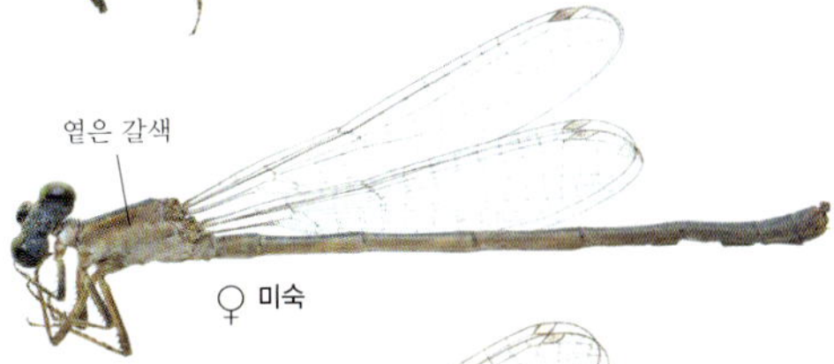

♀ 미숙

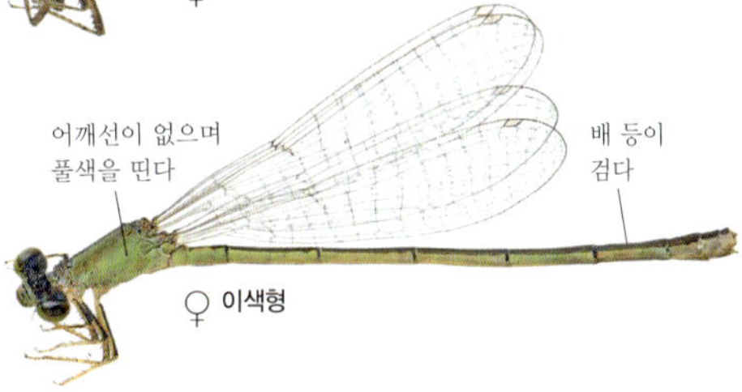

♀ 이색형

북방아시아실잠자리

Ischnura elegans Van der Linden, 1820

푸른아시아실잠자리와 아주 닮았으나 수컷에서 눈뒷무늬가 더 크고, 가슴색이 더 파랗고, 제7배마디 아래가 파래서 다르다. 암컷에서는 앞가슴 위의 가운데에 방패 모양의 돌기가 있고, 날개가슴의 어깨선이 위쪽으로 가늘어지는 점이 다르다. 섬이나 바닷가 습지에 살면서 다른 실잠자리를 잡아먹기도 한다. 일본과 구북구 한랭지역에 분포하고, 국내에는 주로 충청남도 이북의 해안을 따라 분포한다.

서식지	바다와 가까운 못, 용수로, 습지
개체수	매우 흔함
뒷날개	18-22㎜
배길이	25-27㎜
출현기	5월 중순-10월초
북한이름	없음

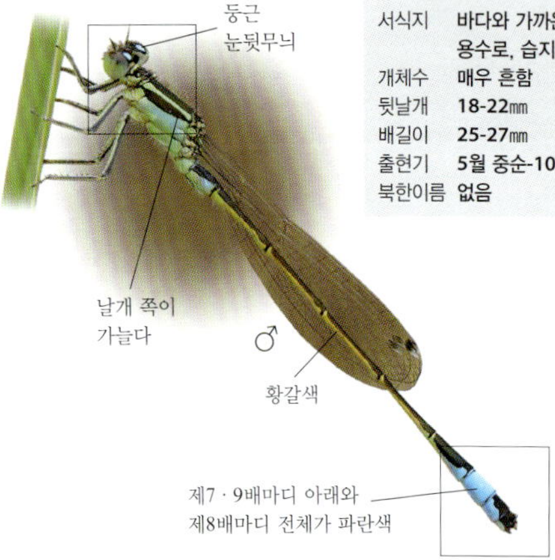

수컷 머리와 가슴

암컷 가슴

수컷 배끝마디

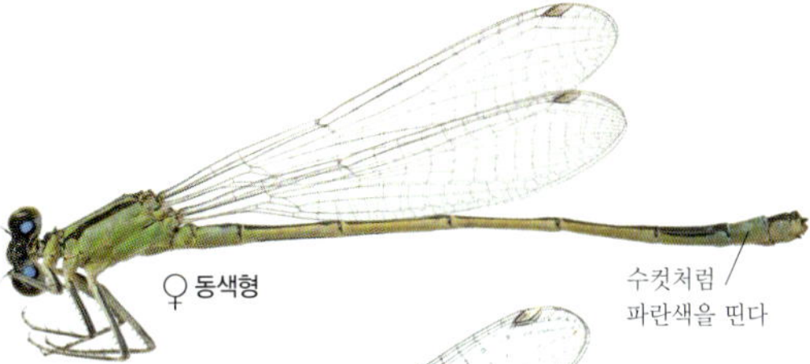

아시아실잠자리

Ischnura asiatica Brauer, 1865

수컷의 눈뒷무늬가 작고 원형이며, 어깨선은 가늘다. 배 등은 검으나 제9배마디만 파랗다. 앞날개 연문이 뒷날개보다 짙다. 암컷은 처음에 적등색 바탕이나 성숙하면 풀색으로 변한다. 또 눈뒷무늬는 뒷머리 색에 묻혀 보이지 않으며, 날개가슴의 어깨선은 1개이다. 어디에서든 볼 수 있으며, 엉뚱한 높은 산지의 풀밭에서도 볼 수 있다. 일본, 타이완, 중국, 러시아(시베리아 남부)에 분포하고, 국내에는 전국에 분포한다.

서식지	평지와 산지의 저수지, 못, 논, 용수로
개체수	매우 흔함
뒷날개	12-18㎜
배길이	22-25㎜
출현기	4월말-10월
북한이름	아시아실잠자리

수컷 머리

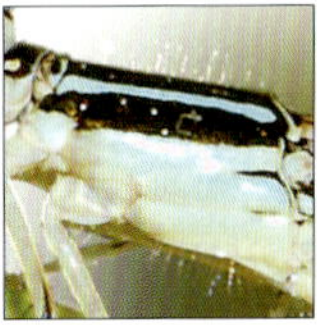
수컷 가슴

수컷 배끝마디

짝짓기

♀ 미숙

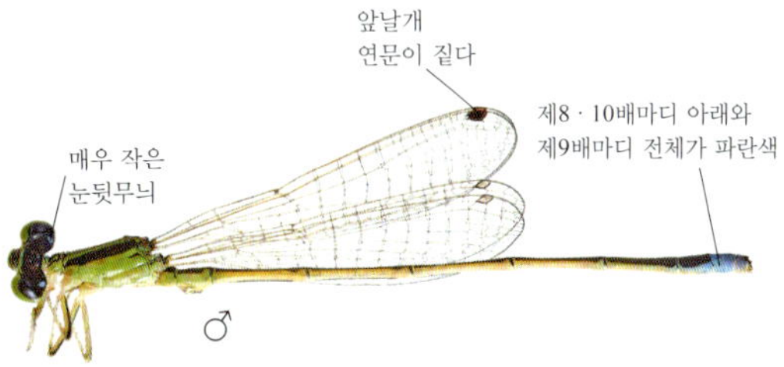
앞날개
연문이 짙다
제8 · 10배마디 아래와
제9배마디 전체가 파란색
매우 작은
눈뒷무늬
♂

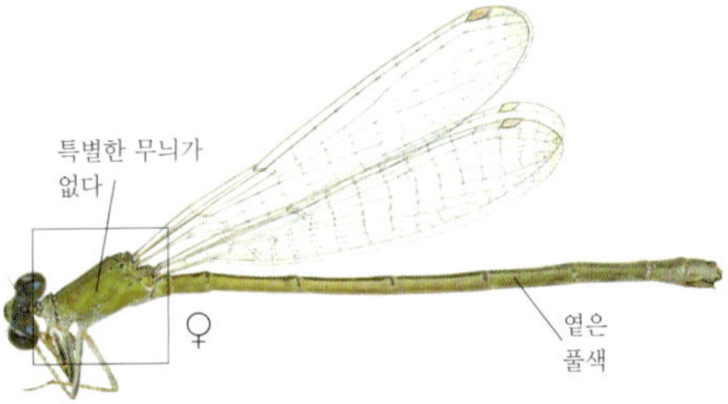
특별한 무늬가
없다
♀
옅은
풀색

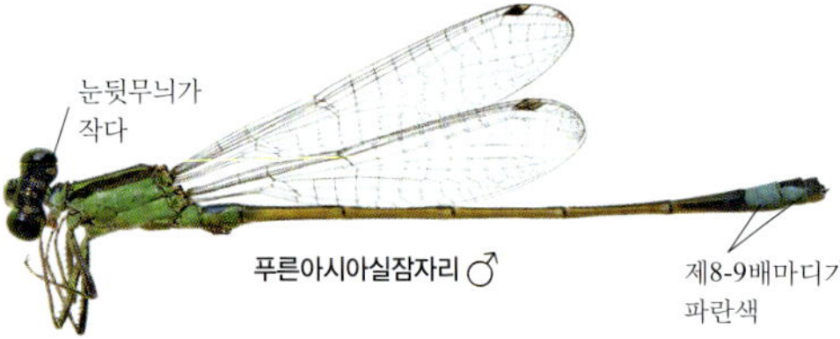

푸른아시아실잠자리 ♂

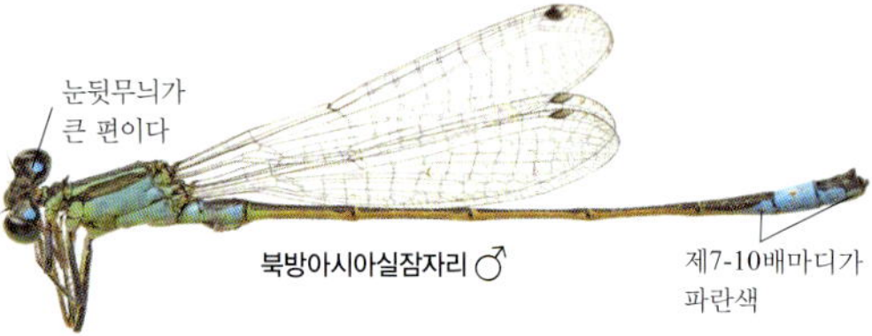

북방아시아실잠자리 ♂

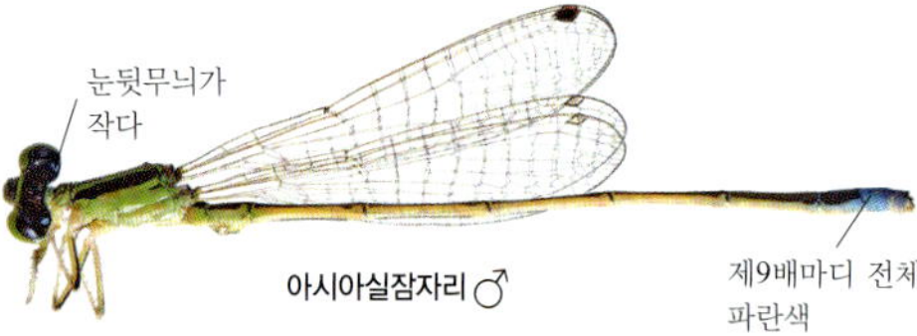

아시아실잠자리 ♂

푸른아시아실잠자리 ♀

북방아시아실잠자리 ♀

아시아실잠자리 ♀

알락실잠자리

Enallagma cyanthigerum Chapentier, 1840

수컷은 색 변이가 있으나 보통 파란 바탕에 검은 무늬가 있다. 눈뒷무늬는 거의 흰색이다. 암컷은 연두색 바탕이고, 배 아래에 뚜렷한 돌기가 나 있다. 한랭 지역의 물풀이 많은 오래된 못에서 사는데, 생태 관찰 기록은 적다. 중국, 시베리아에서 중동아시아, 지중해 연안, 유럽, 북미에 넓게 분포하고, 국내에는 함경북도 삼지연과 대택 일대에 분포한다. 사진은 백두산 북쪽 중국에서 찍은 것이다.

서식지	한랭 지역의 못
개체수	모름
뒷날개	23㎜ 안팎
배길이	27㎜ 안팎
출현기	6-8월
북한이름	알락실잠자리

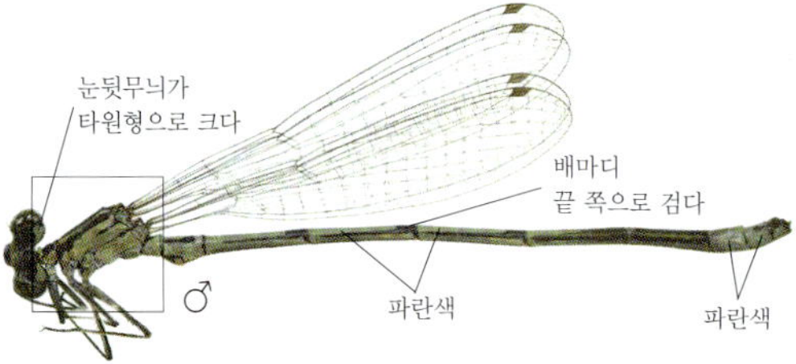

수컷 머리

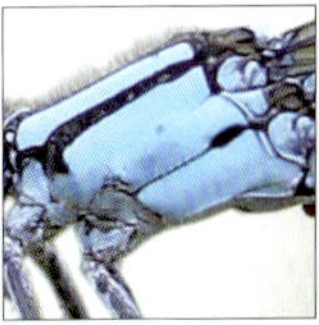

수컷 가슴

수컷 배끝마디

이 속에는 북한 함경도에 북알락실잠자리(*Enallagma boroale circnlatum*)가 분포하는데, 늪과 습지에 산다고 한다(주,1983) 이 종의 학명 적용에 논란이 많다. 이밖에 청동실잠자리(*Nehalennia speciosa*)가 있는데 북한 고지대 습지에 산다.

등검은실잠자리

Paracercion calamorum Ris, 1916

몸에 검은색이 많은 실잠자리로, 수컷은 눈뒷무늬가 작고, 날개가슴의 어깨선이 보이지 않는다. 제8, 9배마디만 파란색이나 각 테두리에 검은 무늬가 남는다. 암컷은 어깨선이 가늘고 뚜렷하지 않다. 성숙하면 몸에 청회색 가루가 많아진다. 마름 등 부엽식물 위에 잘 앉으며, 암수가 이어진 채로 이 식물에 알을 낳는다. 일본, 중국(중부, 북부), 러시아(연해주)에 분포하고, 국내에는 울릉도를 포함한 전국에 분포한다.

서식지	평지의 못, 하천, 호수
개체수	매우 흔함
뒷날개	16-23㎜
배길이	23-28㎜
출현기	5-9월
북한이름	검은줄실잠자리

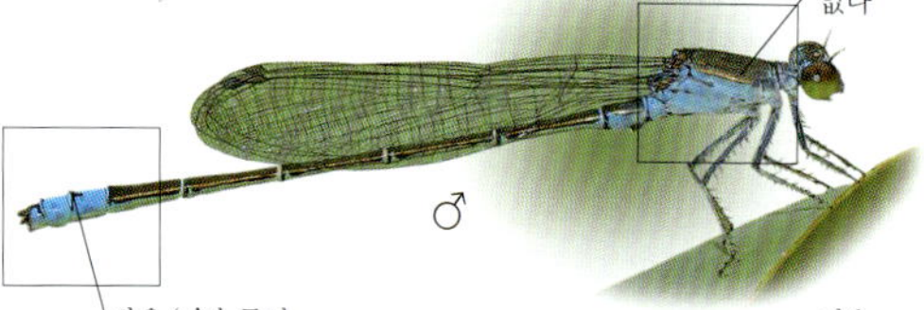

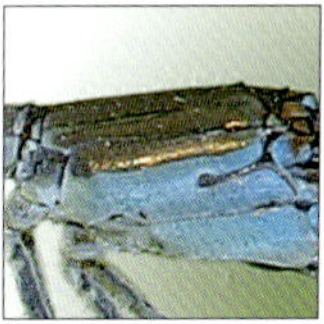
수컷 가슴

암컷 가슴

수컷 배끝마디

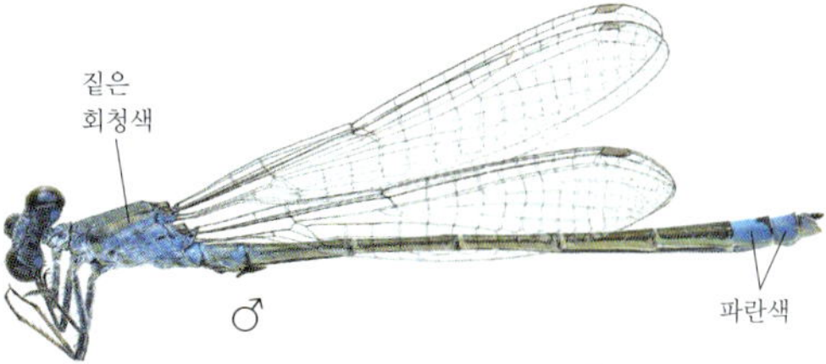

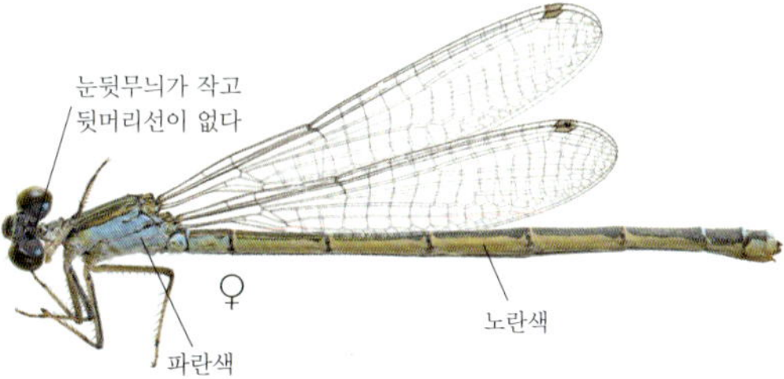

왕실잠자리

Paracercion v-nigrum Needham, 1930

왕등줄실잠자리와 닮았으나 어깨선이 갈라져 그 안에 흰 줄이 있다. 배 끝 윗부속기가 옆으로 벌어진다. 제8배마디 위에 'V'자 모양의 검은 무늬가 있으며, 크기에 변화가 심하다. 암컷은 연두색이다. 물풀이 많은 오래된 연못에서 풀 사이를 빠르게 날아다니며, 연잎 위보다 골풀의 줄기에 잘 앉는다. 중국(중부, 북부, 동북부), 러시아(연해주, 시베리아 남부)에 분포하고, 국내에는 제주도를 뺀 전국에 분포한다.

서식지	평지의 못, 하천
개체수	매우 흔함
뒷날개	16-22㎜
배길이	24-27㎜
출현기	5-9월
북한이름	큰실잠자리

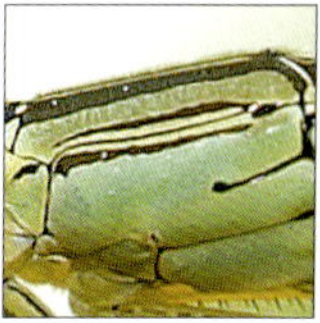
암컷 가슴

수컷 가슴

수컷 배끝마디

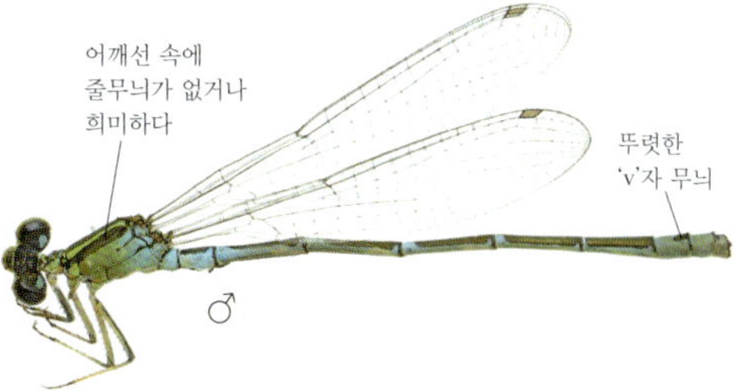

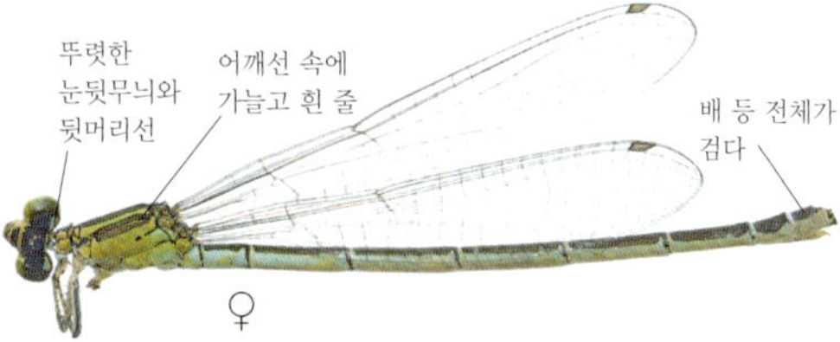

왕등줄실잠자리

Paracercion sieboldii Selys, 1876

암수 모두 어깨선은 검은색이며 한 줄이다. 수컷은 파란색이고, 배 끝 윗부속기가 짧으며, 옆으로 벌어지지 않는다. 아랫부속기는 옆에서 보면 뒤로 많이 튀어나온다. 암컷의 바탕색은 옅은 풀색이며 배 위의 검은 무늬가 넓다. 부들이 많은 오래된 못에서 낮게 빠르게 날아다니며, 암수가 이어진 채로 부엽식물에 알을 낳는다. 일본과 타이완에 분포하고, 국내에는 경기도와 강원도에 분포한다.

서식지	평지의 못, 하천, 호수
개체수	흔함
뒷날개	17-22㎜
배길이	22-27㎜
출현기	6-9월
북한이름	없음

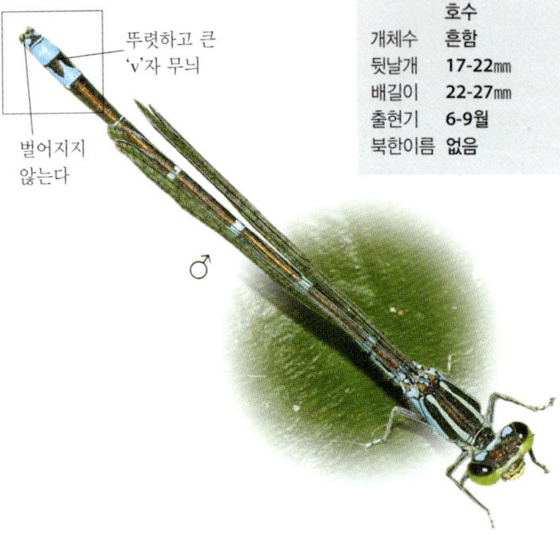

암컷 머리

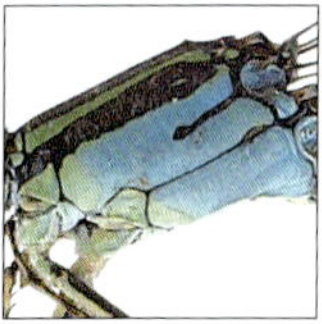

수컷 가슴

수컷 배끝마디

작은등줄실잠자리

Paracercion melanotum Selys, 1876

등줄실잠자리와 닮았으나 수컷의 눈뒷무늬가 꽤 작고, 어깨선이 거의 검다. 배 끝 윗부속기가 아랫부속기보다 조금 튀어나오고 등줄실잠자리와 달리 좌우로 벌어지지 않는다. 암컷은 바탕이 연두색이며, 어깨선 속에 흰 줄이 있다. 연과 순채 등이 많은 못에서 잎 위에 잘 앉으며, 수컷끼리 심하게 자리다툼을 한다. 일본, 중국, 타이완, 베트남에 분포하고, 국내에는 중부 이남의 따뜻한 곳에 분포한다.

서식지	평지의 못, 습지, 하천
개체수	매우 흔함
뒷날개	15-17㎜
배길이	22-26㎜
출현기	5-10월
북한이름	연한줄실잠자리

수컷 머리

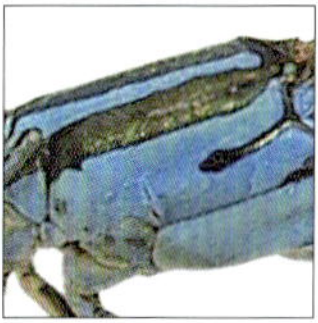

수컷 가슴

수컷 배끝마디

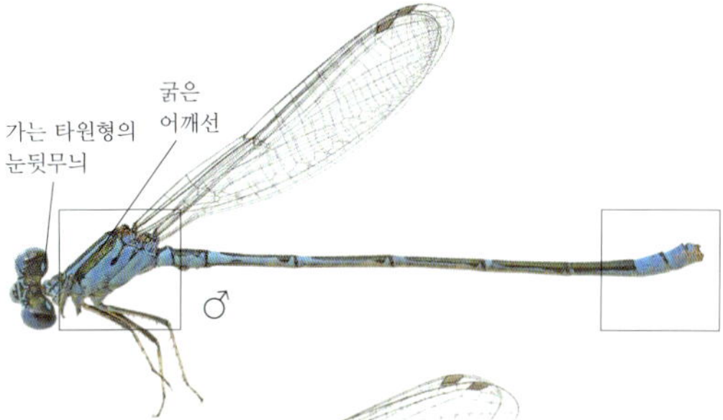

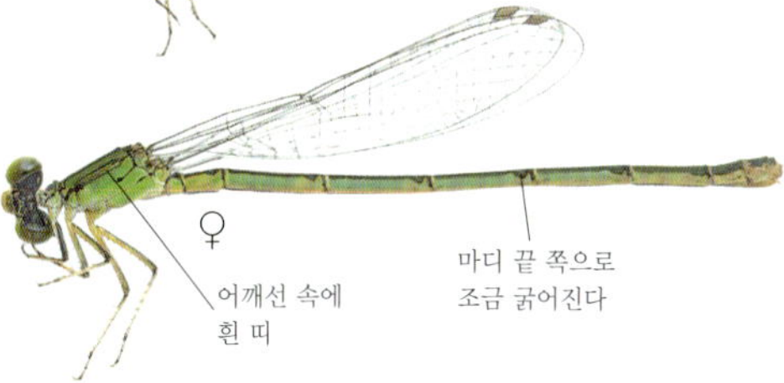

등줄실잠자리

Paracercion hieroglyphicum Brauer, 1865

수컷의 몸은 옅은 파란색으로 검은 무늬가 있다. 특히 어깨선이 갈라지고 그 속에 흰 줄이 있어 가는 두 줄로 보인다. 배 위의 검은 무늬는 끊어지며, 제8, 9 배마디 모두 파란색이다. 배 끝 윗부속기가 짧은 '八'자 모양이다. 암컷은 황록색이며 눈뒷무늬가 특히 크다. 경남 우포나 군산 등지의 물풀이 많은 곳에서 산다. 일본, 중국(중부, 북부), 러시아(연해주)에 분포하고, 국내에는 전국에 분포한다.

서식지	평지의 못, 습지, 하천
개체수	흔함
뒷날개	15-22㎜
배길이	23-28㎜
출현기	5-9월
북한이름	등줄실잠자리

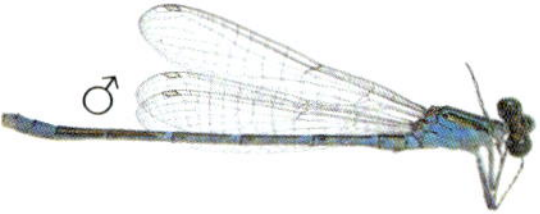

♂

암컷 머리

수컷 가슴

암컷 가슴

큰등줄실잠자리

Paracercion plagiosum Needham, 1930

이 속 중에서 가장 크다. 미숙한 암수는 황록색 바탕에 검은 무늬가 나있으나 성숙하면 수컷이 하늘색으로, 암컷이 풀색으로 변한다. 때로 암컷이 수컷과 같은 색인 경우도 있다. 제8-10배마디 위가 암수 모두 검다. 물풀이 많은 못에서 사는 것으로 알려져 있을 뿐 관찰 기록이 적다. 일본, 중국(북부, 중부), 러시아(연해주 남부)에 분포하고, 국내에는 현재 경기도 일부 지역에만 분포한다.

서식지	평지의 못, 저수지
개체수	매우 드묾
뒷날개	26㎜ 안팎
배길이	31-32㎜
출현기	5-9월
북한이름	없음

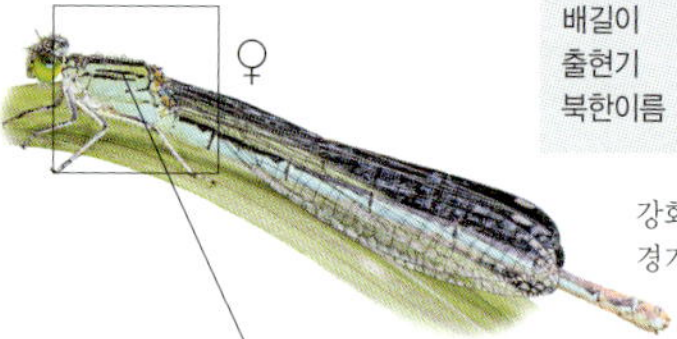

♀

강화도, 연평도 등
경기 섬지역에도 분포

어깨선 속에
두 개의 줄무늬가 있다

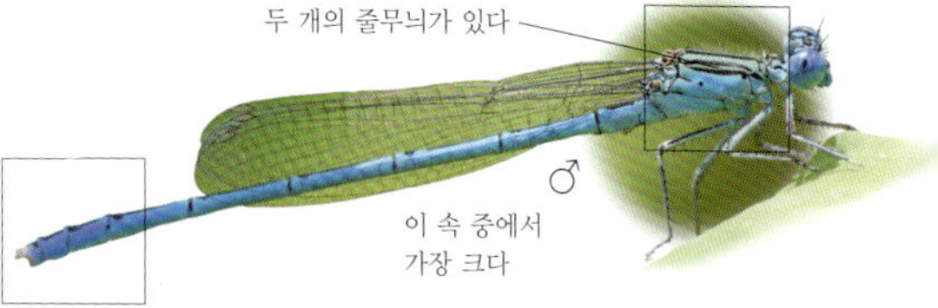

♂

이 속 중에서
가장 크다

수컷 가슴

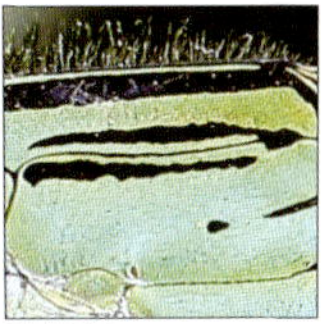
암컷 가슴

수컷 배끝마디

등검은실잠자리 ♂

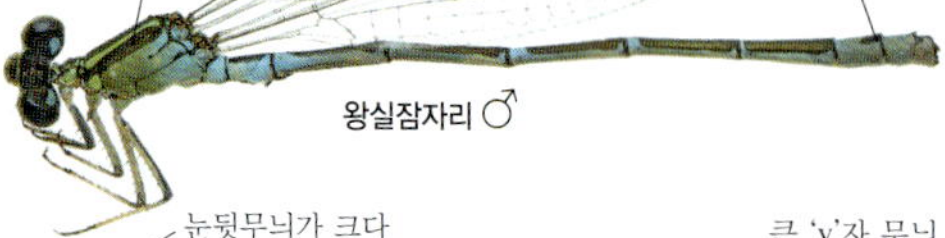

왕실잠자리 ♂

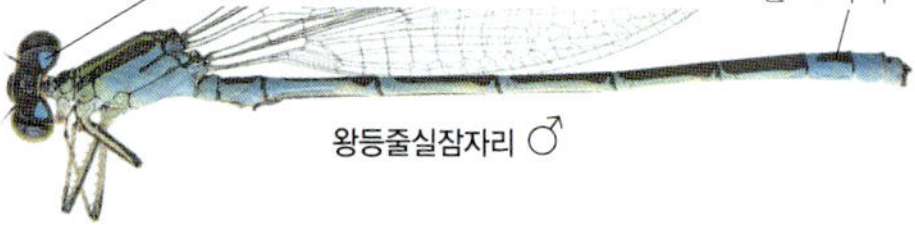

왕등줄실잠자리 ♂

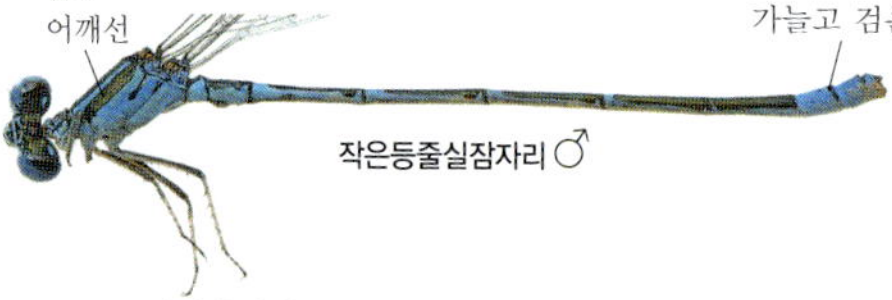

작은등줄실잠자리 ♂

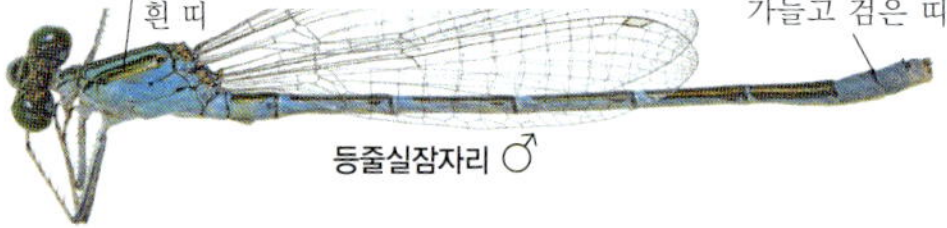

등줄실잠자리 ♂

등검은실잠자리 ♀

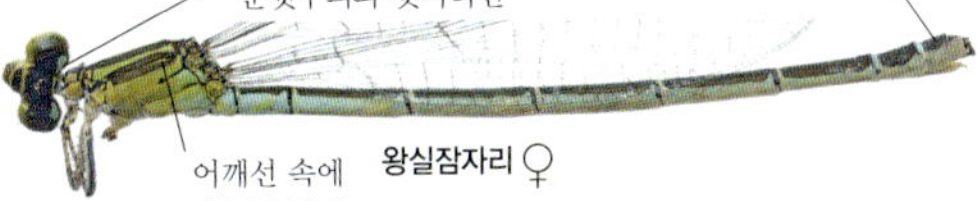

왕실잠자리 ♀

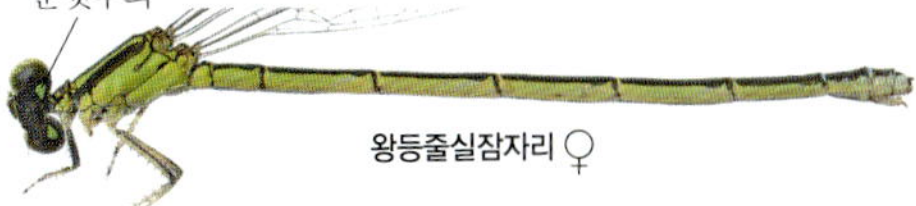

왕등줄실잠자리 ♀

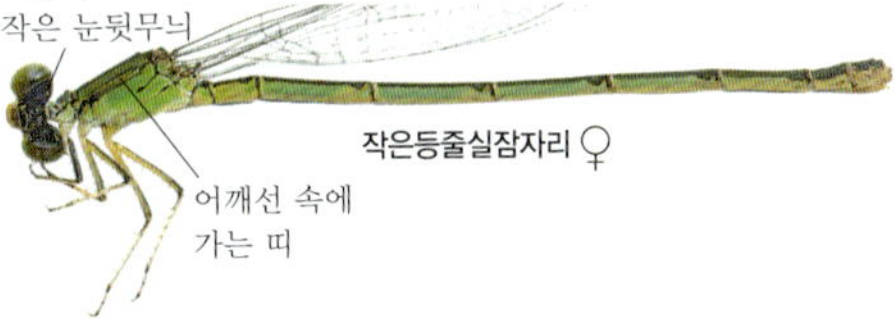

작은등줄실잠자리 ♀

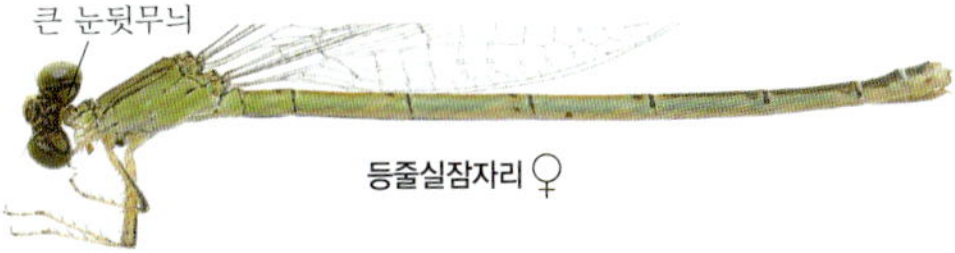

등줄실잠자리 ♀

북방실잠자리

Coenagrion lanceolatum Selys, 1872

수컷은 짙은 하늘색이며 눈뒷무늬가 타원형이다. 어깨선은 검은 한 줄이며, 제2배마디 위의 검은 무늬는 트럼프의 스페이드 모양이다. 암컷의 배 등은 검고, 제8배마디는 앞쪽으로 가늘어진다. 경기도와 강원도의 부들 등이 많은 오래된 연못에서, 서식지를 멀리 떠나지 않고 산다. 일본(홋카이도), 중국 동북부, 러시아(사할린, 연해주, 시베리아 동부)에 분포하고, 국내에는 중북부 내륙에 분포한다.

서식지	평지의 못, 습지
개체수	비교적 흔함
뒷날개	19-24㎜
배길이	25-28㎜
출현기	5-8월
북한이름	작은실잠자리

수컷 머리

수컷 가슴

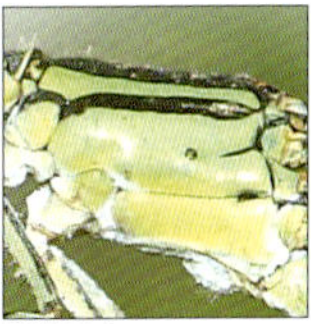

암컷 가슴

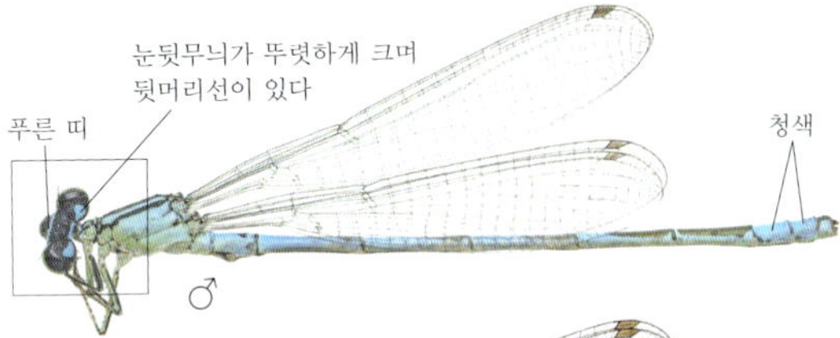

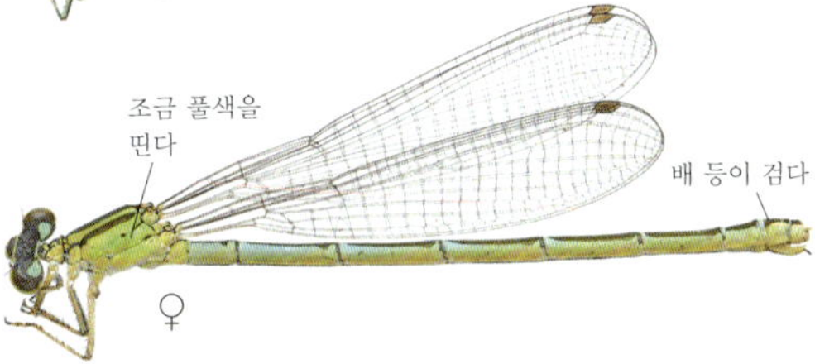

참실잠자리

Coenagrion johanssoni Wallengren, 1894

수컷은 짙은 파란색이지만 암컷은 색이 탁하다. 눈뒷무늬는 크고 뚜렷하며, 뒷머리선으로 이어진다. 북방실잠자리와 닮았으나 조금 작고, 배마디의 색과 무늬가 조금 다르다. 묵은 논이나 작은 못에서 50㎝ 정도 높이로 날아다니며, 벼과식물의 줄기에 잘 앉는다. 암수가 이어진 채로 침수식물 등에 알을 낳는다. 중국(북부, 동북부), 러시아(캅카스를 뺀 전 지역) 등 구북구 분포하고, 국내에는 지리산 이북에 분포한다.

서식지	평지의 못, 습지, 하천
개체수	흔함
뒷날개	21㎜ 안팎
배길이	26㎜ 안팎
출현기	5-9월
북한이름	없음

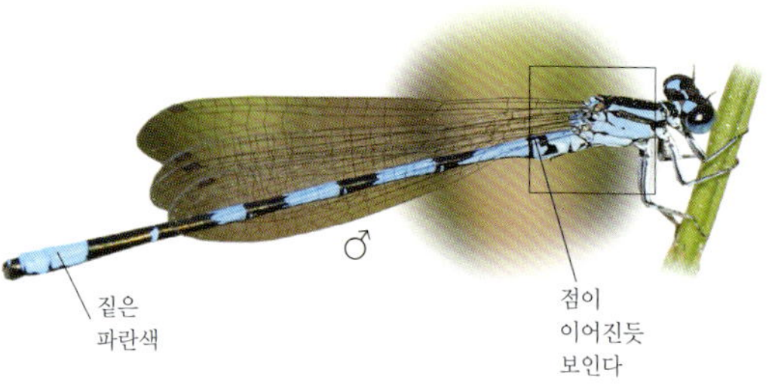

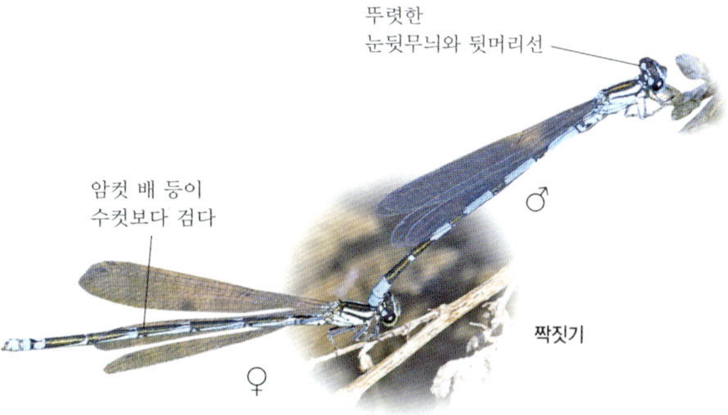

짝짓기

암컷 머리

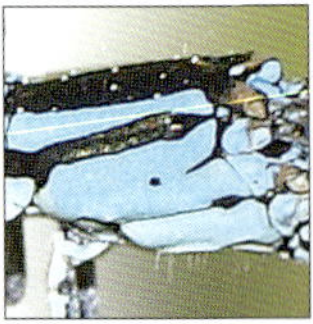

수컷 가슴

암컷 배끝마디

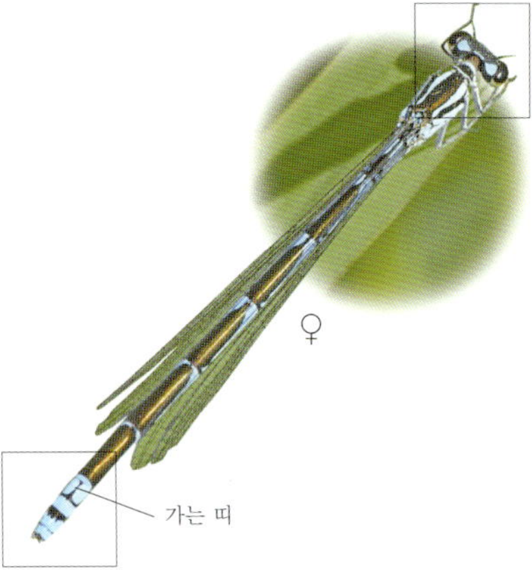

이밖에 이 속에는 시골실잠자리(*C. ecornutunm*), 큰실잠자리(*C. hylas*), 북방청띠실잠자리(*C. hastulatum*)의 3종이 북한의 추운 지역에 살고 있다. 이 중에 시골실잠자리는 경기도와 강원도에서 기록이 있는데, 이승모(2001: 35, pl. 2, fig 12)가 강원도 춘천에서 채집한 시골실잠자리 표본은 왕등줄실잠자리이다.

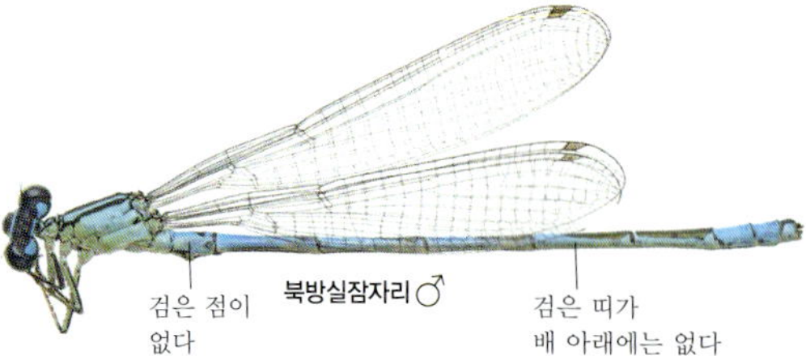
검은 점이
없다
북방실잠자리 ♂
검은 띠가
배 아래에는 없다

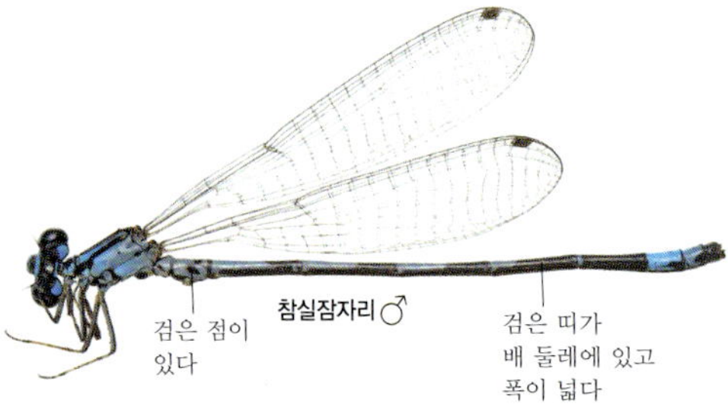
검은 점이
있다
참실잠자리 ♂
검은 띠가
배 둘레에 있고
폭이 넓다

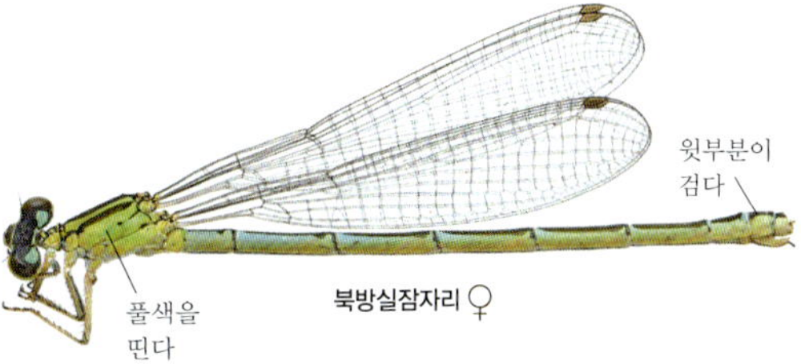

북방실잠자리 ♀

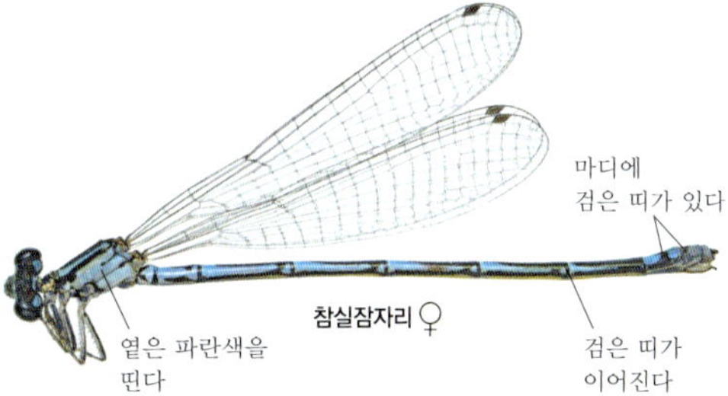

참실잠자리 ♀

한라별왕잠자리

Sarasaeschna pryeri Martin, 1909

몸은 검은 바탕에 노란 무늬가 있는데, 배에 연푸른 무늬가 점점이 나타나 '별'이라는 이름을 글쓴이가 지었다. 수컷은 한라산 중턱 이상의 확 트인 공간에서 왕복 비행하며 먹이사냥을 한다. 필자가 제주도에서 처음 채집하여 국내에 보고한 종이다. 애벌레는 상록수림의 물 흐름이 있는 축축한 낙엽 속에서 산다고 알려져 있다. 일본특산종으로 알려져 왔으나 제주도 한라산에서도 산다.

서식지	한라산
개체수	매우 드묾
뒷날개	39㎜ 안팎
배길이	48㎜ 안팎
출현기	5-10월
북한이름	푸른무늬실잠자리

암컷 얼굴

암컷 배끝마디

수컷 배끝마디

개미허리왕잠자리

Boyeria maclachlani Selys, 1883

몸은 흑갈색이며 풀색을 머금은 노란 무늬가 있다. 특이하게 제3배마디가 매우 가늘다. 제2-8배마디에 노란 띠가 있으며, 제2배마디의 것이 가장 크다. 날개의 연문은 황갈색이고, 수컷 날개 끝에 갈색 무늬가 있다. 숲 속의 작은 계류에서 1m 정도의 높이로 빠르게 날아다닌다. 암컷은 물이 흐르는 돌 사이에 알을 낳는다. 일본에 분포하고, 국내에는 동해로 흐르는 산지 계류, 부산, 거제도에 분포한다.

서식지	산지의 계류
개체수	드묾
뒷날개	50㎜ 안팎
배길이	55㎜ 안팎
출현기	7-8월
북한이름	짤룩허리잠자리

이 속에는 최근 신종으로 기재한 '한국개미허리왕잠자리(*B. koreana*)'가 있다 .

긴무늬왕잠자리

Aeschnophlebia longistigma Selys, 1883

몸은 황록색 또는 청록색이며 등에 검은 무늬가 나타난다. 정수리에는 뚜렷한 'T'자 무늬가 있으며 날개 가슴 앞에 선이 3줄 있다. 억새나 갈대가 우거진 곳에 많으며, 이른 아침과 저녁에 먹이사냥을 하고, 대부분 풀에 앉아 쉰다. 억새밭에 들어가면 갑자기 날아올라 놀랄 때가 많다. 중국(북부, 중부), 일본에 분포하고, 국내에는 중부의 해안과 남부, 제주도에 분포한다.

서식지	부들, 갈대, 억새가 많은 못
개체수	흔함
뒷날개	45-50㎜
배길이	46-51㎜
출현기	4월말-8월
북한이름	푸른잠자리

수컷 머리

수컷 날개가슴 위

수컷 배끝마디

〈긴무늬왕잠자리의 다양한 모습〉

조금 검게
보인다
♀

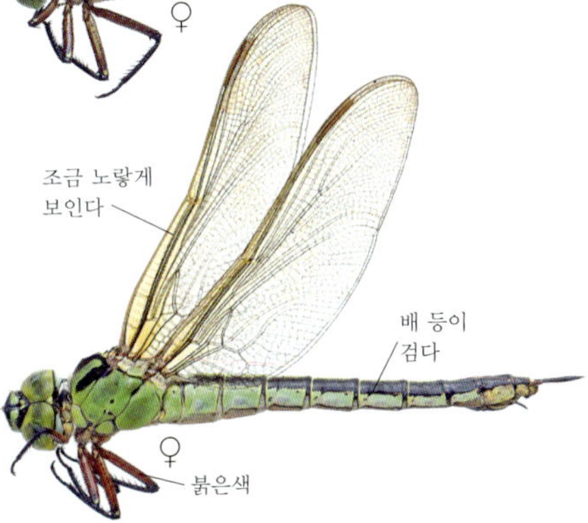
조금 노랗게
보인다
배 등이
검다
♀
붉은색

큰무늬왕잠자리

Aeschnophlebia anisoptera Selys, 1883

몸은 노란 바탕에 갈색 무늬가 있다. 앞 종보다 몸의 줄무늬가 훨씬 굵다. 수컷의 배 끝 윗부속기는 매우 길다. 사는 장소도 앞 종과 비슷하나 앞 종이 트인 곳에서 난다면 이 종은 주변에 숲이 우거진 곳에서 높이 날며, 더 따뜻한 지역에 산다. 맑은 저녁이나 흐린 날에 높이 날면서 먹이사냥을 한다고 알려져 있다. 중국 중부와 일본에 분포하고, 국내에는 제주도에서 몇 차례 발견된 적이 있다.

서식지	숲이 있고, 갈대가 많은 못
개체수	매우 드묾
뒷날개	51㎜ 안팎
배길이	57㎜ 안팎
출현기	8월
북한이름	없음

애별박이왕잠자리

Aeshna mixta Latreille, 1805

왕잠자리 중 가장 작으며, 수컷은 성숙하면 옅은 파란색을 띠어 아름답다. 날개가슴의 갈색도 옅으며, 날개연문은 옅은 갈색이다. 암컷은 옅은 적갈색이며 수컷과 같은 황록색 무늬가 있다. 넓적다리마디는 갈색이다. 수컷은 침수식물이 많은 물 위 1-2m로 날면서 영역을 만드는데, 별박이왕잠자리의 경우와 같다. 일본, 중국(북부, 동북부), 러시아, 유럽까지 분포하고, 국내에는 섬을 포함한 경기도와 북한에 분포한다.

서식지	트인 저수지, 못
개체수	드묾
뒷날개	42-45㎜
배길이	46-50㎜
출현기	8-10월초
북한이름	줄별잠자리

별박이왕잠자리

Aeshna juncea Linnaeus, 1758

수컷은 흑갈색 바탕에 황록색, 청록색 무늬가 있으나 암컷은 바탕색에 붉은 기가 많아지고 황록색 무늬가 있다. 차가운 계곡 둘레의 작은 웅덩이에서 산다. 수컷은 1-2m 높이로 천천히 날거나 한자리에서 날면서 영역을 지킨다. 암컷은 음지의 물풀이 많은 곳에 홀로 알을 낳는다. 일본, 중국 동북부, 시베리아를 걸쳐 유럽까지 구북구 북부와 신북구에 분포하고, 국내에는 강원도 백두대간의 산지에 분포한다.

♂

서식지	계곡 주변의 웅덩이
개체수	비교적 드묾
뒷날개	**47-53㎜**
배길이	**53-58㎜**
출현기	**7-9월초**
북한이름	별무늬왕잠자리

애벌레

조금
움푹하다
노란 띠
무늬가 나뉜다
♂
풀색
무늬가 있다
조금
고동색을 띤다
♀

참별박이왕잠자리

Aeshna crenata Hagen, 1856

이 속 잠자리 중에서 가장 크며, 수컷은 몸의 파란색이 짙다. 규모가 작은 못이나 산지의 습지에서 수컷은 3-4m로 일정 공간을 왕복하면서 영역을 만드는데, 그 폭이 앞 두 종보다 훨씬 크다. 암컷은 침수된 죽은 식물 속에 알을 낳는데, 몸을 수평으로 하고 배를 활처럼 구부린다. 중국(동북부, 북부), 러시아에서 유럽까지 구북구 북부에 분포하고, 국내에는 경기도와 강원도 산지, 한라산 고지에 분포한다.

서식지	산지 못, 습지
개체수	흔함
뒷날개	**50-55㎜**
배길이	**60-65㎜**
출현기	**6월말-10월초**
북한이름	얼룩왕잠자리

수컷 가슴

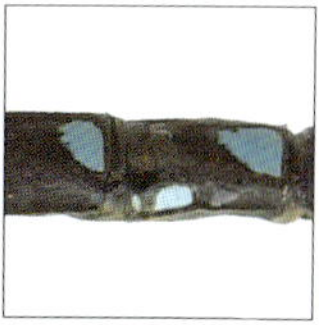

수컷 배

수컷 배끝마디

이밖에 이 속에는 일본에만 분포한다는 *Aeshna nigroflava* Martin, 1908이라는 종의 국내 기록이 있으나 잘못된 것으로, 일부 학자들은 참별박이왕잠자리의 아종으로 분류한다. 또 정식 기록은 아니지만 한반도 북부에 *Aeshna caerulea* Ström, 1783이라는 종도 분포할 것으로 본다.

별박이왕잠자리 ♂

참별박이왕잠자리 ♂

별박이왕잠자리 ♀

참별박이왕잠자리 ♀

도깨비왕잠자리

Anaciaeschna martini Selys, 1897

몸은 붉은 기가 도는 갈색이며 노란 무늬가 있는데, 성숙한 수컷은 파란색으로, 암컷은 황록색으로 변한다. 날개는 갈색이 나타나는데, 암컷 쪽이 더 짙다. 이른 아침과 황혼이 물드는 저녁에 날아다니는 특징이 있으며, 수컷은 2-20m로 순회하듯 날아다니면서 먹이사냥과 암컷 탐색을 한다. 암컷은 숲 속 공간에서 난다. 일본, 타이완에서 인도까지 분포하고, 국내에는 충청남북도 일부 지역과 남부 지방, 제주도에 분포한다.

서식지	작은 못, 휴경논
개체수	드묾
뒷날개	46-48㎜
배길이	56-60㎜
출현기	6월말-9월
북한이름	없음

수컷 가슴

수컷 배끝마디

암컷 배끝마디

왕잠자리

Anax parthenope Selys, 1839

어린 시절부터 많이 기억되는 친숙한 잠자리다. 가슴은 풀색, 배는 적갈색으로 암수 차이가 없지만 제2, 3 배마디가 수컷은 파란색, 암컷은 황록색이다. 주변이 트인 큰 못에서 수컷은 가장자리를 순회하면서 영역을 경계하며, 다른 수컷을 쫓아낸다. 암컷은 침수식물 줄기와 죽은 가지 등에 수컷과 이어진 채로나 홀로 알을 낳는다. 구북구 중 · 남부에 넓게 분포하고, 국내에는 울릉도를 포함한 전국에 분포한다.

서식지	트인 못, 저수지, 호수
개체수	매우 흔함
뒷날개	50-55㎜
배길이	55-57㎜
출현기	5-10월
북한이름	은왕잠자리

애벌레

짝짓기

수컷 머리

수컷 배

수컷 배끝마디

검은 부분이
있다
노란 띠
고동색
♀
검은 부분이
없다
무늬가
뚜렷하지
않다
♀
황록색

남방왕잠자리

Anax guttatus Burmeister, 1839

왕잠자리와 매우 닮았으나 조금 크고, 머리의 이마에 검은 줄무늬가 없으며, 배 무늬가 조금 다르다. 나는 힘이 세 동남아시아 등지에서 우리나라로 날아와 여름 한철을 지내다 겨울을 나지 못하는 잠자리이다. 행동이 왕잠자리와 거의 닮았다. 일본 남부, 중국 남부, 타이완을 비롯한 동남아시아 일대, 오스트레일리아에 분포하고, 국내에는 주로 서해의 섬, 남부 지방, 제주도에서 관찰할 수 있다.

서식지	평지의 트인 못
개체수	매우 드묾
뒷날개	54㎜ 안팎
배길이	62㎜ 안팎
출현기	8-10월
북한이름	없음

수컷 머리

수컷 배

수컷 배끝마디

먹줄왕잠자리

Anax nigrofasciatus Oguma, 1915

왕잠자리와 닮았으나 가슴에 2개의 줄무늬가 뚜렷하고, 배에 참별박이왕잠자리처럼 파란 점무늬가 있어 다르다. 트인 곳보다 둘레에 숲이 있고 부들 같은 수생식물이 많은 작은 못을 좋아한다. 행동은 왕잠자리와 닮았으며, 수컷은 1-2m의 높이로 못 둘레를 빠르게 난다. 일본, 중국(중부, 남부), 타이완, 필리핀 등지에 분포하고, 국내에는 현재까지 중부 지역 이남에 분포하는 것으로 알려져 있다.

서식지	평지, 산지의 못
개체수	매우 흔함
뒷날개	43-48㎜
배길이	49-52㎜
출현기	5-9월
북한이름	검은줄은잠자리

날개돋이

♀

굵고 뚜렷한
줄무늬
파란
점무늬
♂
파란색

굵은
줄무늬
노란
점무늬
♀
풀색

황줄왕잠자리

Polycanthagyna melanictera Selys, 1883

몸은 미숙할 때에 노란 바탕을 하나 성숙하면 수컷은 황록색 바탕에 머리 앞과 제1, 2배마디 아래가 파란색이 된다. 암컷은 황록색 부분이 수컷보다 더 넓다. 제10배마디 위에 수컷은 돌기가 있고, 암컷은 배 끝에 4개의 침 돌기가 있다. 해가 뜨고 질 무렵에 활발하며, 빠르게 난다. 일본과 중국 중부에 분포하고, 국내에는 충청북도 속리산, 보은 등 내륙 일부와 해안과 가까운 남부 지방, 제주도에 분포한다.

서식지	산지, 평지의 작은 못, 웅덩이
개체수	비교적 드묾
뒷날개	50-53㎜
배길이	61-64㎜
출현기	6-9월
북한이름	없음

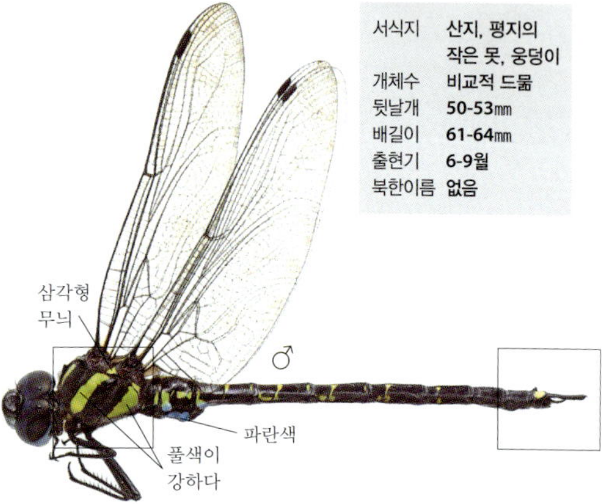

수컷 가슴

암컷 가슴

수컷 배끝마디

애벌레

잘록허리왕잠자리

Gynacantha japonica Bartenev, 1909

몸은 미숙할 때에 옅은 갈색 바탕에 무늬가 뚜렷하지 않으나, 성숙하면 바탕이 옅은 황록색이 되고 등에 검은 무늬가 뚜렷해진다. 수컷의 제3배마디는 잘록하다. 한낮에는 숲 속 나무에 매달리듯 앉아 있다가 해가 뜨고 질 무렵에 낮게 힘차게 날며, 먹이사냥과 짝짓기를 한다. 어둑어둑할 때에도 날며 모기를 잡아먹는다. 일본과 중국(중부, 북부), 타이완에 분포하고 국내에는 중부 지방 이남에 분포한다.

서식지	**평지, 휴경논의 못, 습지**
개체수	**비교적 드묾**
뒷날개	**45-47㎜**
배길이	**52-55㎜**
출현기	**7-9월**
북한이름	**모기잡이잠자리**

호리측범잠자리

Stylurus annulatus Djakonov, 1926

넓은배측범잠자리와 많이 닮았으나 날개가슴 옆 무늬가 조금 다르고, 부성기와 배 끝 부속기가 꽤 다르다. 또 제7-9배마디가 뒤 종보다 덜 넓적하다. 배마디 앞 둘레의 노란 무늬는 뒤 종보다 더 넓다. 희귀하여 관찰한 기록이 적다. 하천 중류와 하류에 사는 것으로 보이는데, 어른벌레보다 애벌레를 탐색하면 볼 수 있다고 한다. 일본(혼슈), 중국 동북부, 러시아(우수리)에 분포하고, 국내에는 내륙에 점점이 분포한다.

서식지	산지, 평지 하천 중류
개체수	드묾
뒷날개	33㎜ 안팎
배길이	41㎜ 안팎
출현기	5월말-8월
북한이름	둥근무늬등줄잠자리

이밖에 이 속에는 안경잡이측범잠자리(*Stylurus occultus*)가 있는데, 중국과 우리나라만 기록이 있는 희귀한 잠자리이다.

넓은배(마아키)측범잠자리

Anisogomphus maacki Selys, 1872

암수 모두 제7-9배마디가 눈에 띄게 넓어 곤봉 같다. 뒷다리 넓적다리마디는 길고, 여기에 2줄의 강한 침이 있다. 날개가슴 앞의 노란 무늬는 앞에서 보면 'M'자가 된다. 산길에 많으며 물가, 나뭇잎 위, 땅바닥에 잘 앉는다. 하천 중류에서 날개돋이 하여 주변 산에 이동하는데, 높은 산에서도 곧잘 보인다. 일본, 중국(북부, 동북부), 러시아(연해주, 아무르)에 분포하고, 국내에는 경상북도 이북의 산지에 분포한다.

서식지	산지, 평지 하천 중류
개체수	흔함
뒷날개	31-34mm
배길이	40-42mm
출현기	5월말-9월
북한이름	넓은꼬리등줄잠자리

배가 넓은 것이 특징이므로 마아키측범잠자리보다는 넓은배측범잠자리로 불리는 것이 적절하다.

암컷 가슴

수컷 배끝마디

암컷 배끝마디

끊어진
줄무늬
♂
노란 점무늬의
변이가 있다
노란
무늬
♂ 미숙

어리측범잠자리

Shaogomphus postocularis Selys, 1869

윗입술과 머리 앞에 노란 무늬가 있으며, 날개가슴 앞 1쌍의 굵은 'Z'자 무늬와 어깨선 아래 부분이 노랗다. 배는 굵고, 수컷의 배 끝 윗부속기는 아래쪽으로 굽고 아랫부속기는 위로 굽는다. 큰 강과 지류가 만나는 장소에서 볼 수 있으며, 나무나 풀에 붙어 먹이사냥을 한다. 일본, 중국 동북부, 러시아(연해주, 시베리아 동부)에 분포하고, 국내에는 충청도 이북에 점점이 분포하는 것 같다.

서식지	산지 하천 중류
개체수	매우 드묾
뒷날개	30㎜ 안팎
배길이	34㎜ 안팎
출현기	4월말-6월
북한이름	없음

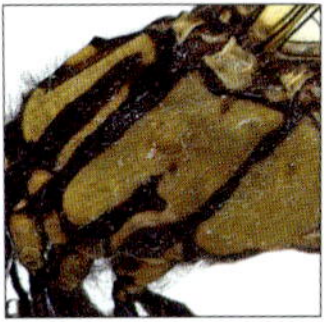
암컷 가슴

수컷 배끝마디

암컷 배끝마디

자루측범잠자리

Burmagomphus collaris Needham, 1930

겹눈은 풀색이고, 가슴은 옅은 풀색 바탕에 검은 줄무늬가 있다. 배마디 앞에 노란 테두리가 있으며, 제9배마디 위에 노란 점무늬가 있다. 특히 제7-9배마디가 굵어 둥근 자루 같다. 큰 강 중류와 하류 둘레의 풀 위에 앉아 먹이사냥을 하는데, 주변 산 가장자리 풀밭에서도 볼 수 있다. 놀라면 민감하게 높이 날아간다. 중국 동부에 분포하고, 국내에는 경상북도 대구와 전라남도 곡성 이북에 분포한다.

서식지	**평지 하천 중류, 하류**
개체수	**비교적 흔함**
뒷날개	**27㎜ 안팎**
배길이	**34㎜ 안팎**
출현기	**6-9월초**
북한이름	**없음**

푸른
겹눈
제9배마디
위가 노랗다
♂
검은
부생식기
부푼 배 끝
독특한
검은 무늬
♀
조금
부푼 배 끝

노란배측범잠자리

Asiagomphus coreana Doi et Okumura, 1937

자루측범잠자리와 닮았으나 훨씬 크며, 날개가슴의 줄무늬가 대체로 굵고, 배 둘레의 노란 테두리 무늬가 약하다. 또 수컷의 배 끝 부속기는 더 튀어나오는데, 아랫부속기가 윗부속기보다 더 크다. 암컷 제9배마디 아래에 돌기가 있다. 흐름이 약한 큰 강에서 볼 수 있으며, 관찰한 기록이 매우 적다. 현재 한반도 고유종으로, 국내의 경상북도, 경기도, 강원도 지역의 큰 강 주위에 분포한다.

서식지	평지 하천 중류, 하류
개체수	매우 드묾
뒷날개	34-36㎜
배길이	38-40㎜
출현기	5월말-7월
북한이름	없음

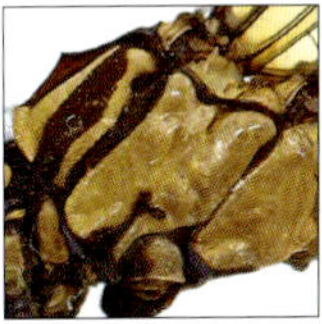
암컷 가슴

수컷 배끝마디

암컷 배끝마디

이밖에 이 속에는 한반도 고유종인 산측범잠자리(*Asiagomphus melanopsoides*)의 기록이 있는데, 러시아 극동지역에서도 발견된다. 또 북한 학자에 의해 기록된 *Asiagomphus pryeri* Selys, 1883은 일본 고유종으로 국내에 분포하지 않는 것으로 보인다.

쇠측범잠자리

Davidius lunatus Bartenev, 1914

겹눈은 파란 풀색이다. 노랗거나 옅은 하늘색 바탕에 검은 줄무늬가 있는데, 제1가슴선은 위 끝이 뾰족하며 날개까지 이어지지 않는다. 배의 노란 무늬는 옆에 있어 다음 두 종과 다르다. 산지에 가장 흔한 잠자리로, 상류의 깨끗한 물에서 산다. 이른 봄에 나타나 계곡 둘레의 나무나 풀 위에서 먹이사냥을 하는데, 빠르지 않아 관찰하기 쉽다. 중국 동북부와 러시아(시베리아 동부)에 분포하고, 국내에는 경상남도 거제도 이북에 분포한다.

서식지	산지 계곡
개체수	매우 흔함
뒷날개	26㎜ 안팎
배길이	27-32㎜
출현기	4-7월초
북한이름	작은검은등줄잠자리

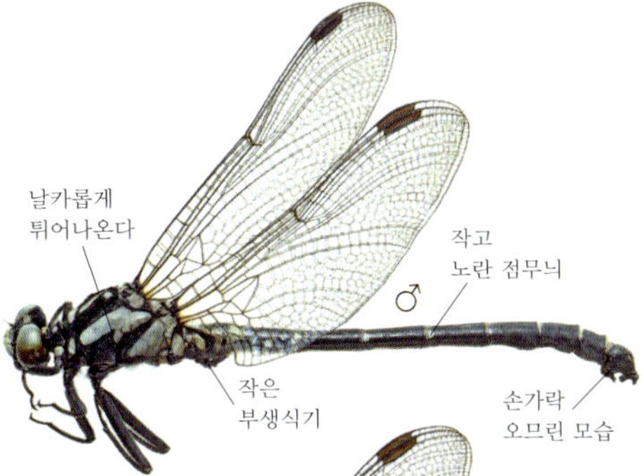

이 속에는 북한 학자에 따른 *Davidius nanus* Selys, 1869와 *Davidius fujiama* Fraser, 1936, *Davidius moiwanus* Matsumura et Okumura in Okumura, 1935의 기록이 있으나 모두 일본 고유종으로 우리나라에 분포하지 않는 것으로 보인다.

가시측범잠자리

Trigomphus citimus Needham, 1931

겹눈은 풀색이다. 날개가슴 옆의 검은 줄무늬는 쇠측범잠자리와 닮아 서로 구별하기 어려우나 배마디 위에 노란 점무늬가 있어 다르다. 제2배마디의 부생식기가 밖으로 크게 튀어나오고, 제10배마디의 길이가 제9배마디의 2분의 1이다. 이보다 짧은 다음 종과 구별된다. 상류의 하천에 살며 그 둘레의 오래된 못에서 볼 수 있다. 일본, 중국 동북부, 러시아 극동지역에 분포하고, 국내에는 내륙 산지에 분포한다.

서식지	산지와 평지의 계류, 못
개체수	비교적 흔함
뒷날개	**26-28㎜**
배길이	**31-32㎜**
출현기	**4월말-7월**
북한이름	노란작은등줄실잠자리

두드러지게 큰
부생식기
♂

♀
넓고
노란 무늬

검정측범잠자리

Trigomphus nigripes Selys, 1887

앞 종과 매우 닮았으나 그 차이점은 앞에서 설명하였다. 앞 종과 사는 장소가 같으나 훨씬 드물다. 나는 모습으로 두 종의 구별이 쉽지 않다. 못 주변에서 오후에 먹이활동과 짝짓기를 한다. 과거 도이 간초(1932)가 기록한 애측범잠자리는 아사히나 쇼지로(1989)가 이 종으로 정리했으며, 우리나라에 아직 기록이 없다. 이 잠자리는 중국 동북부와 러시아 극동지역에 분포하고, 국내에는 내륙 산지에 분포한다.

서식지	산지와 평지의 계류, 못
개체수	비교적 드묾
뒷날개	26-27㎜
배길이	31-32㎜
출현기	5-10월
북한이름	애기잠자리

수컷 부생식기

수컷 배등

수컷 배끝마디

노란측범잠자리

Lamelligomphus ringens Needham, 1930

겹눈은 비취색으로 아름답고, 몸과 배는 검은 무늬와 뚜렷한 노란 무늬로 되어 있는데, 배마디 앞에 노란 테두리가 넓게 나 있다. 수컷의 배 끝 부속기는 엄지와 검지를 맞댄 큰 갈고리 모양이다. 날개 밑이 노란색이면 미숙한 개체이다. 산길이나 계곡 둘레에서 볼 수 있으며, 앉아있다가 빠르게 날면서 먹이사냥을 한다. 중국(중부와 북부, 동북부)에 분포하고, 국내에는 중부 이북의 산지에 분포한다.

서식지	산지와 평지의 계류
개체수	흔함
뒷날개	32㎜ 안팎
배길이	44㎜ 안팎
출현기	6-9월초
북한이름	없음

눈이
비취색
노란 띠무늬가
배 둘레에 있다
♂
갈고리 모양의
생식기

밑부분이
노란색
굵고 노란 띠
♀ 미숙

측범잠자리

Ophiogomphus obscurus Bartenev, 1909

몸은 전체가 푸른색으로 매우 아름답다. 어깨선은 둘로 나뉘며 위 무늬가 날개에 닿지 않는다. 제1가슴선은 짧고 그 밑에 점이 있으며, 제2가슴선은 날개까지 가늘게 이어진다. 제7-9배마디가 부푼다. 수컷의 배 끝 부속기는 아래가 길다. 추운 지역의 수량이 많은 상류 둘레의 길에 앉아 먹이사냥을 한다. 중국(북부, 동북부), 몽골, 러시아(시베리아 남부, 서부, 극동지역)에 분포하고, 국내에는 강원도 산지에 분포한다.

서식지	산지의 계류
개체수	매우 드묾
뒷날개	39㎜ 안팎
배길이	43㎜ 안팎
출현기	7월
북한이름	없음

수컷 가슴

수컷 배

수컷 배끝마디

꼬마측범잠자리

Nihonogomphus minor Doi, 1943

몸은 푸른 기가 있는 짙은 황갈색과 검은색으로 되어 있고, 길이는 짧으나 두꺼운 편이다. 수컷의 배 끝 부속기는 윗부속기가 특히 길며 끝이 조금 아래로 굽는다. 위에서 보면 끝이 원 모양으로 양 끝이 맞닿는다. 홍천강과 임진강처럼 자연성이 잘 유지된 큰 강에서 살면서, 주변 풀밭에서 먹이사냥을 하는데, 수컷은 확 트인 곳, 암컷은 나무 가까이 있는 경향이 있다. 현재까지 우리나라 고유종이다.

서식지	큰 강 유역
개체수	매우 드묾
뒷날개	30㎜ 안팎
배길이	32-36㎜
출현기	7월
북한이름	없음

이밖에 이 속에는 고려측범잠자리(*Nihonogomphus ruptus*)가 있는데, 중부 이북에 기록이 있으나 현재 발견되지 않고 있다.

장수측범(어리장수)잠자리

Sieboldius albardae Selys, 1886

측범잠자리류 중에서 가장 크다. 머리가 작고, 장수잠자리처럼 노란색과 검은색 무늬가 있다. 흐름이 약한 깨끗한 상류에서 살며, 계곡 둘레에 앉아 있다가 강력하게 먹이를 사냥한다. 때로 물잠자리를 포식하기도 한다. 애벌레는 더듬이가 사각형이고, 몸이 크고 넓적한데, 특히 배가 둥근 부채 같다. 일본, 중국(북부, 동북부), 러시아 극동지역에 분포하고, 국내에는 내륙 산지에 분포한다.

서식지	계곡, 하천 상류
개체수	흔함
뒷날개	49-53㎜
배길이	55-61㎜
출현기	5월 중순-8월
북한이름	작은말잠자리

♀

애벌레

수컷 머리

수컷 배

수컷 배끝마디

어리부채측범잠자리

Gomphidia confluens Selys, 1878

몸은 노란색과 검은색으로 되어 있고, 배마디 앞 노란 무늬가 제7배마디에서 가장 넓게 나타난다. 제7-9배마디가 굵으며, 수컷보다 암컷에서 더 두드러진다. 큰 강과 흐름이 약하고 수량이 많은 하천, 저수지 둘레에서 수컷은 좁은 범위의 영역을 확보하며, 다른 잠자리를 강하게 내쫓는다. 암컷은 주위 산이나 풀밭에서 볼 수 있다. 중국(중부, 남부), 타이완, 베트남, 러시아 극동지역에 분포하고, 국내에는 내륙에 분포한다.

서식지	큰 강과 하천, 저수지
개체수	비교적 흔함
뒷날개	43㎜ 안팎
배길이	47㎜ 안팎
출현기	5-8월
북한이름	가짜부채잠자리

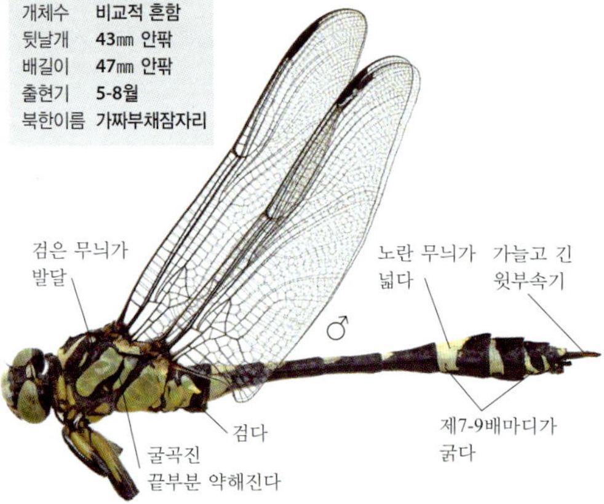

부채측범잠자리

Sinictinogomphus clavatus Fabricius, 1775

앞 종과 거의 닮았으나 수컷은 제8배마디 아래 안쪽이 노랗고, 바깥이 검은 부채 같은 돌기가 나 있다. 침수식물과 부엽식물이 많은 큰 못과 저수지에서 수컷은 삐죽이 솟은 가는 식물 줄기에 잘 앉으며, 이를 횃대 삼아 낮게 날면서 다른 수컷을 쫓아낸다. 애벌레는 깊은 물속에서 산다. 일본, 중국(중, 북부, 동북부), 타이완, 인도차이나, 네팔, 러시아 극동지역에 분포하고, 국내에는 내륙에 분포한다.

서식지	큰 못, 저수지
개체수	비교적 드묾
뒷날개	42-47㎜
배길이	53-55㎜
출현기	5-9월
북한이름	부채잠자리

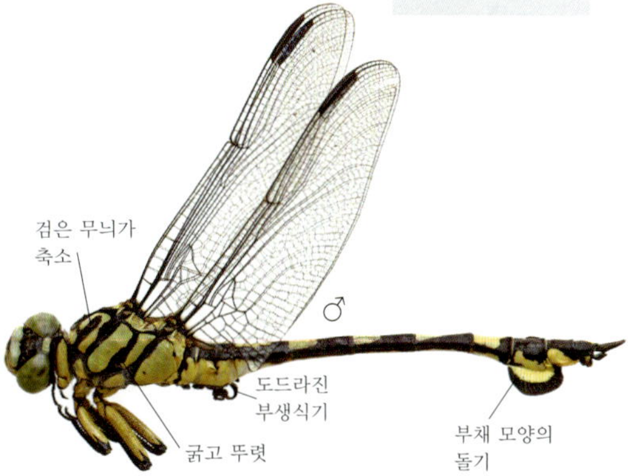

장수잠자리

Anotogaster sieboldii Selys, 1854

우리나라에서 가장 큰 잠자리로, 겹눈이 겨우 붙는다. 몸은 검은 바탕에 날개가슴 앞 노란 '八' 자 무늬와 두 줄의 노란 가슴무늬가 있으며, 배에 노란 테두리 무늬가 있다. 덩치에 어울리지 않게 작고 좁은 계류나 농수로에 산다. 산지의 넓은 공간에서 왕복 비행하면서 먹이사냥을 한다. 암컷은 꼿꼿이 선 채로 막대기를 꽂듯 진흙 속에 알을 낳는다. 일본, 중국(남부, 북부), 러시아(사할린, 연해주)에 분포한다.

애벌레

서식지	작은 계류, 산간 농수로
개체수	비교적 흔함
뒷날개	55-60㎜
배길이	70㎜ 안팎
출현기	6-9월
북한이름	장수잠자리

눈이
청록색
우리나라에서
가장 큰 잠자리
♂
노란 띠

겹눈이
겨우 붙는다
♀
긴 산란판

독수리잠자리

Chlorogomphus brunneus Oguma, 1926

이승모(1982)가 처음 기록한 종으로 그 밖의 기록은 없다. 몸체가 크지만 생김새는 가늘고 날씬하다. 수컷은 검은 바탕에 날개가슴 옆에 노란 줄무늬가 있다. 또 수컷은 날개 끝에 검은 부분이 조금 나타나지만 암컷은 날개의 검은 부분이 더 넓게 짙어지는데, 국내에서 아직 암컷이 발견되지 않았다. 일본에 분포하고, 국내에는 제주도 서귀포에서 한번 채집되어 비래종일 가능성이 높다.

서식지	모름
개체수	매우 드묾
뒷날개	44㎜ 안팎
배길이	50㎜ 안팎
출현기	8월
북한이름	없음

참북방잠자리

Somatochlora metallica Vander Linden, 1825

몸은 짙은 금속 풀색으로 다음 종과 거의 닮았다. 다만 수컷의 배 끝 부속기 중 윗돌기가 폭이 넓고 가늘며 끝부분이 거의 맞닿는다. 암컷은 산란판이 백두산북방잠자리처럼 생겼다. 수컷은 작은 웅덩이 위에서 한자리에 멈춰 빠르게 날면서, 자신의 영역을 지키고 암컷을 기다린다. 수컷끼리의 다툼이 대단하다. 중국 동북부, 러시아(극동지역, 시베리아)에 분포하고, 국내에는 전국에 국지적으로 분포한다.

서식지	산지, 평지의 작은 웅덩이
개체수	비교적 드묾
뒷날개	**34-36㎜**
배길이	**36-38㎜**
출현기	**7-9월**
북한이름	작은곤봉잠자리

백두산북방잠자리

Somatochlora clavata Oguma, 1913

겹눈은 청록색이고, 몸이 짙은 금속 풀색이며 미숙할 때에 날개가슴 옆에 노란 띠무늬가 2줄 있다. 제3배마디의 앞부분까지 굵고 나머지는 가늘다. 가늘고 뾰족한 암컷의 산란판이 아래로 향한다. 높이 5-8m 정도로 천천히 날면서 먹이사냥을 한다. 일본에 분포하고, 국내에는 북한의 백두산과 남한의 거제도, 지리산, 진주 등지에 분포하는데, 필자는 제주도 안덕계곡에서 채집하였다. 제주도에서 첫 기록이다.

서식지	산지, 평지의 작은 웅덩이
개체수	드묾
뒷날개	43㎜ 안팎
배길이	41㎜ 안팎
출현기	6-9월
북한이름	넓은날개곤봉잠자리

수컷 가슴

수컷 배끝마디

암컷 배끝마디

밑노란잠자리

Somatochlora graeseri Selys, 1887

몸은 앞 종과 닮았으나 옆에서 보면 제2, 3배마디에 작은 노란 무늬가 있다. 날개는 투명하나 날개 밑부분이 넓게 노란 암컷도 있다. 작은 못에서 수컷은 1m 높이로 멈칫멈칫 왕복으로 날면서 영역을 확보하는데, 수컷끼리의 다툼이 심하다. 암컷은 홀로 음침한 추수식물 아래에서 알을 낳는다. 일본, 중국 동북부, 러시아(사할린, 극동지역, 시베리아 남동부)에 분포하고, 국내에는 경상북도 울진 이북과 제주도에 분포한다.

서식지	산지, 평지의 작은 웅덩이
개체수	비교적 흔함
뒷날개	34-37㎜
배길이	36-40㎜
출현기	6월말-9월
북한이름	누런날개곤봉잠자리

이밖에 이 속에는 북한 추운 지역에서 삼지연북방잠자리(*S. viridiaenea*), 북해도 북방잠자리(*S. japonica*), 북방잠자리(*S. alpestris*), 작은북방잠자리(*S. arctica*)등 4종의 기록이 있다. 이 중 삼지연북방잠자리는 강원도 고성에서 채집된 적이 있다.

언저리잠자리

Epitheca marginata Selys, 1883

몸은 검은 바탕에 적갈색 무늬가 있다. 암컷은 날개 가슴 앞에 검은 삼각무늬가 있으며, 가슴선이 굵다. 암컷의 날개 앞 가장자리에 검은 띠무늬가 있다. 수컷은 거의 앉지 않고 추수식물 사이를 분주히 난다. 암컷은 홀로 알을 낳는데, 배 끝에 젤라틴 성분으로 한꺼번에 뭉쳐서 물에 튀기듯 떨어뜨린다. 일본과 중국에 분포하고, 국내에는 전라남도와 경상남도에서 북한 지역까지 내륙에 분포한다.

서식지	평지의 못
개체수	비교적 흔함
뒷날개	35-38㎜
배길이	36-38㎜
출현기	5-7월
북한이름	범잠자리

수컷 배끝마디

암컷 배끝마디

알을 단 모습

이밖에 이 과에는 청동잠자리(*Cordulia aenea*)가 있으며, 북한의 춥고 높은 지역에 분포한다.

산잠자리

Epophthalmia elegans Brauer, 1865

몸이 크고 힘센 종류로 이름과 달리 평지에 많다. 몸은 짙은 금속 청록색에 노란 무늬가 있는데, 특히 얼굴에 노란 띠가 2줄 있다. 큰 못이나 저수지에서 수컷은 가장자리를 1m 정도 높이로 순회하면서 영역을 확보하는데, 수컷끼리는 물론 왕잠자리들과도 당당히 경쟁한다. 암컷은 홀로 알을 낳는다. 일본, 중국, 타이완에 분포하고, 국내에는 제주도를 포함한 전국에 분포하는데, 북부 지방의 정보가 적다.

서식지	평지와 낮은 산지의 못, 저수지
개체수	매우 흔함
뒷날개	49-53㎜
배길이	53-60㎜
출현기	5월 중순-10월
북한이름	큰산잠자리

수컷 얼굴

수컷 가슴

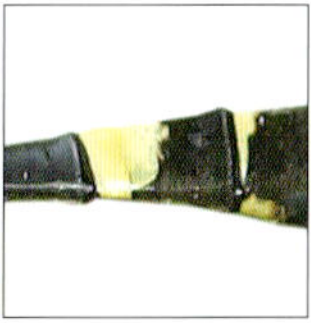
수컷 배

잔산잠자리

Macromia amphigena Selys, 1871

겹눈은 청록색이다. 앞 종과 닮았으나 얼굴에 노란 줄무늬가 하나이고, 배의 노란 테두리가 끊어지며, 가슴의 노란 줄무늬는 퍽 가늘다. 또 큰 물보다 작은 개울에서 산다. 수컷은 천천히 흐르는 계류 위를 1m 높이로 왕복하면서 날아다닌다. 이런 습성 때문에 영어로 '크루저(Cruisers)' 또는 '스키머(Skimmers)'라고 부른다. 일본, 중국(동부, 북부, 동북부)에 분포하고, 국내에는 지리산 이북에 분포한다.

서식지	**평지와 산지의 계류**
개체수	**드묾**
뒷날개	**49㎜ 안팎**
배길이	**52㎜ 안팎**
출현기	**5월말-7월**
북한이름	**작은메잠자리**

수컷 얼굴

수컷 배

수컷 배끝마디

아침 일찍
풀에 앉은
잔산잠자리

이밖에 이 속에는 노란잔산잠자리(*M. daimoji*)가 있는데, 매우 희귀한 종으로, 최근 경기도 연천과 충청북도 일부 지역에서 발견된다.

만주잔산잠자리

Macromia manchurica Asahina, 1964

앞 종과 닮았으나 이마 위에 노란 점무늬가 없으며, 날개가슴의 노란 줄무늬가 조금 넓고, 배마디의 노란 테두리 무늬가 이어져 다르다. 하천 폭이 넓은 곳에서 수컷은 오후에 피뿌리풀 주위를 낮게 날아다니며, 암컷은 홀로 배로 물을 때리듯 알을 낳는다. 애벌레는 물이 많은 하천이나 계곡물이 들어오는 저수지 바닥에 산다. 중국 동북부와 러시아 극동지역에 분포하고, 국내에는 지리산 이북에 점점이 분포한다.

서식지	흐름이 약한 하천, 저수지
개체수	매우 드묾
뒷날개	46㎜ 안팎
배길이	49㎜ 안팎
출현기	5-8월
북한이름	작은메잠자리

배치레잠자리

Lyriothemis pachygastra Selys, 1878

수컷은 검은 바탕에 노란 점무늬가 있으며, 청백 분칠을 한 것처럼 보인다. 암컷은 노란 바탕에 옅은 흑갈색 무늬가 있다. 몸 색이 다양하므로 관찰 개체마다 조금씩 다르다. 몸은 짧고 배가 넓적해 보인다. 수생식물이 많은 못에서 날개돋이 후 산으로 옮겨 지낸다. 짧고 빠르게 날면서 작은 곤충을 잡는다. 일본과 중국 동부, 러시아 극동지역에 분포하고, 국내에는 울릉도를 뺀 전국에 분포한다.

서식지	평지나 낮은 산지의 못, 웅덩이, 습원
개체수	매우 흔함
뒷날개	25-29㎜
배길이	21-25㎜
출현기	4월말-10월
북한이름	넓은배잠자리

수컷 얼굴

수컷 가슴

암컷 배끝마디

〈배치레잠자리의 개체 변이〉

암컷과
닮은 수컷
적갈색
♂ 미숙

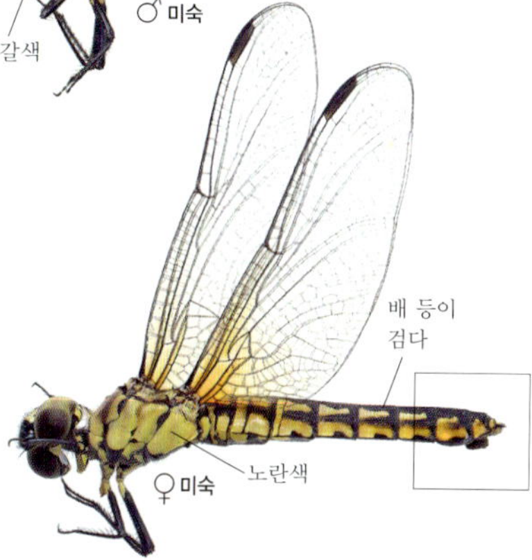
배 등이
검다
노란색
♀ 미숙

밀잠자리

Orthetrum albistylum Selys, 1883

매우 친숙한 곤충 중 하나로 몸이 밀짚처럼 생겼다. 미숙할 때에 몸이 황갈색이다가 성숙하면 수컷은 청백색, 암컷은 황갈색을 띤다. 큰물이나 하천 등 물 흐름이 적은 곳에서 낮게 날아다니거나 낮은 곳에 앉아있는 일이 많다. 암컷은 홀로 또는 수컷이 위에서 날면서 경호하는 가운데 알을 낳는다. 애벌레는 오염에 내성이 강하다. 일본과 타이완에서 유럽까지 넓게 분포하고, 국내에는 전국에 분포한다.

서식지	연못, 농수로, 저수지, 논, 하천
개체수	매우 흔함
뒷날개	40㎜ 안팎
배길이	32-40㎜
출현기	4월 중순-10월 중순
북한이름	흰잠자리

옅은
황갈색
♀미숙
날개가
부드럽다

검은 띠
황갈색
♀
희다

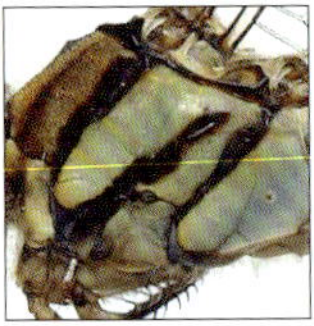
암컷 가슴

암컷 배끝마디

수컷 배끝마디

수컷의 몸 색
변이가 많다

중간밀잠자리

Orthetrum japonicum Uhler, 1858

몸은 조금 굵고 짧으며, 노란색 바탕에 검은 무늬가 있는데, 성숙한 수컷의 몸에 흰 가루가 생긴다. 뒷날개 삼각실에 횡맥이 없다. 휴경논과 습지에 산다. 수컷은 낮게 빠르게 날면서 좁은 영역을 차지하고 암컷을 기다린다. 암컷은 홀로 또는 수컷의 경호 아래 배 끝으로 물을 때리듯 알을 낳는다. 일본, 중국(중부, 북부, 티베트), 타이완, 인도 북부에 분포하고, 국내에는 내륙에 분포한다.

서식지	휴경논, 습지, 농수로
개체수	비교적 흔함
뒷날개	31-33㎜
배길이	25-28㎜
출현기	4월 중순-6월
북한이름	소금쟁이흰잠자리

♂
파란색
굵고
검은 띠
노란 무늬가
나타난다
♀
노란
점무늬
굵고
검은 띠

큰밀잠자리

Orthetrum melania Selys, 1883

밀잠자리와 비슷하나 몸에 검은 무늬가 적어 훨씬 밝게 보이며, 수컷은 파란색을, 암컷은 노란색을 띤다. 가슴 옆에 두 개의 굵고 검은 줄무늬가 뚜렷하고, 배 끝이 검다. 뒷날개 밑이 검다. 평지 물가보다는 산지의 휴경논에서 많이 보인다. 산길이나 숲 가장자리 풀밭의 나뭇가지에 붙어 주위에 지나가는 작은 곤충을 잡아먹는다. 일본, 중국, 타이완에 분포하고, 국내에는 전국에 분포한다.

서식지	연못, 농수로, 휴경논
개체수	흔함
뒷날개	37-42㎜
배길이	34-37㎜
출현기	5월 중순-10월
북한이름	큰흰잠자리

짝짓기

〈큰밀잠자리의 개체 변이〉

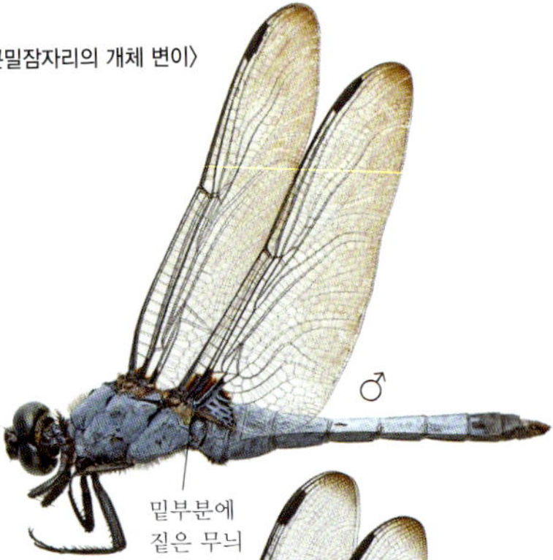

조금 검은
날개 끝
♀
검고
조금 부푼 배 끝

♂ 암컷을 닮은 수컷
배 옆에 가늘고
검은 줄무늬
검은 배 끝

홀쭉밀잠자리

Orthetrum lineostigma Selys, 1886

밀잠자리보다 조금 작고, 수컷의 가슴 옆에 검은색 띠무늬가 가늘거나 거의 보이지 않아 전체가 옅은 파란색을 띠어서 다르다. 암컷은 이 띠무늬가 굵게 나타나며 몸 전체의 노란색이 더 뚜렷한 감이 있다. 암수 모두 날개 끝부분에 검은 무늬가 조금 있다. 못이나 휴경논에서 볼 수 있는데, 낮게 날면서 땅바닥이나 나무 끝에 잘 앉는다. 중국(중부, 북부, 동북부)에 분포하고, 국내에는 경상남도 거제도 이북에 분포한다.

서식지	휴경논, 습지, 농수로
개체수	비교적 드묾
뒷날개	33㎜ 안팎
배길이	20㎜ 안팎
출현기	6-8월
북한이름	없음

암컷 얼굴

수컷 배끝마디

암컷 배끝마디

최근 잠자리과에는 남색이마잠자리(*Brachydiplax chalybea*)라는 종이 기록되었다.
(Jung et al, 2011)

〈홀쭉밀잠자리의 개체 변이〉

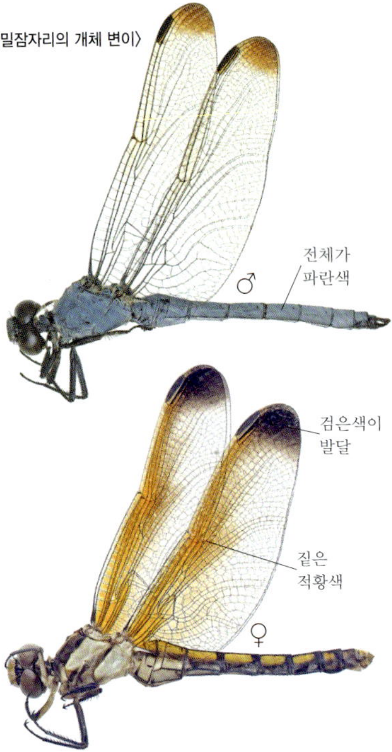

색이
옅다
♀
몸에 파란 기가
많다

옅은
적황색
♀
몸에
노란 기가 많다

가는 띠
밀잠자리 ♂
검은 부분이 많다

굵은 띠
중간밀잠자리 ♂
끝만 검다

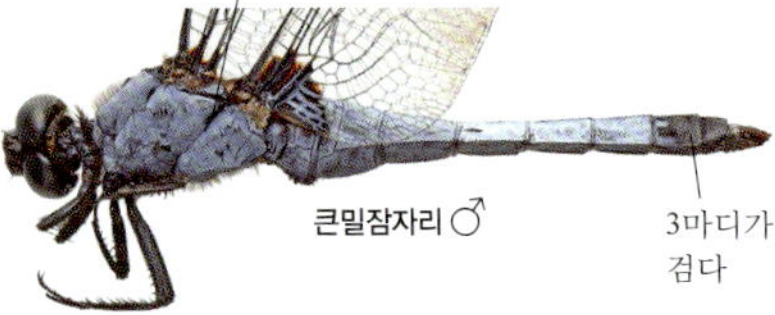
약한 띠
큰밀잠자리 ♂
3마디가 검다

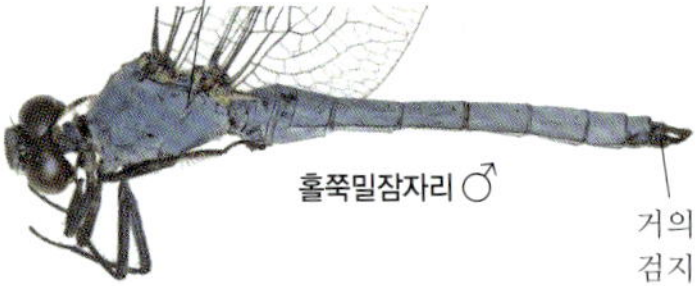
띠가 없다
홀쭉밀잠자리 ♂
거의 검지 않다

밀잠자리 ♀

중간밀잠자리 ♀

큰밀잠자리 ♀

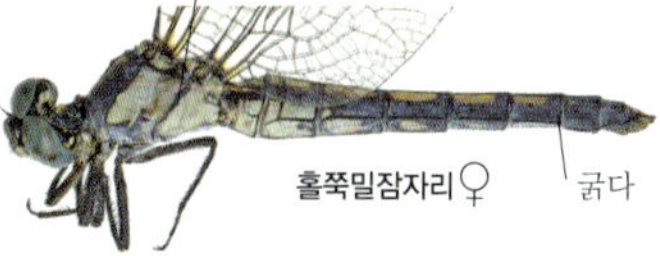

홀쭉밀잠자리 ♀

넉점박이잠자리

Libellula quadrimaculata Linnaeus, 1758

몸은 폭이 넓으며, 바탕색이 황갈색이고 긴 털로 덮여 있다. 날개가슴은 올리브색으로 가슴선이 검고 가늘다. 날개는 결절부에 작은 흑갈색 점이 있고, 뒷날개 밑에 검은 삼각무늬가 있다. 제7-8배마디 위에도 검은 무늬가 있다. 수컷은 작은 못에서 목 좋은 억새 위에 앉아 텃세를 심하게 부린다. 극동아시아에서 유럽까지와 북미, 아프리카 북부에 분포하고, 국내에는 중부지방 이북에 분포한다.

서식지	추수식물이 많은 못, 습원
개체수	비교적 흔함
뒷날개	35-37㎜
배길이	28-30㎜
출현기	6-8월
북한이름	네점잠자리

♂

♂

주위를 살피는 수컷

노란색이
나타남
점무늬가
약한 개체
♂

점무늬가
뚜렷하고
큰 개체
노란색이
나타남
♂
두 줄의
띠무늬가 뚜렷

대모잠자리

Libellula angelina Selys, 1883

앞 종과 닮았으나 날개 결절 이외에 연문, 날개 밑 검은 삼각무늬가 더 크고, 배 위의 검은 줄무늬가 처음부터 끝까지 이어진다. 수컷만 흑갈색을 띤다. 서해안 간척지를 따라 갈대와 부들 같은 추수식물이 무성한 곳에 많은데, 이런 환경을 개발하면 사라질 위험이 크다. 일본에서는 보호곤충으로 지정하고 있다. 일본과 중국(중부, 북부)에 분포하고, 국내에는 전라남도 나주 이북에 분포한다.

서식지	추수식물이 많은 습지, 갯펄
개체수	비교적 드묾
뒷날개	30-33㎜
배길이	25-30㎜
출현기	6-8월
북한이름	호박점잠자리

갈색 무늬가
뒤가장자리에
닿는다
뚜렷한
흑갈색 무늬
♀
짙은
삼각무늬

♀
갈색
가운데가
검다

꼬마잠자리

Nannophya pygmaea Rambur, 1842

멸종위기종 2급

세계 잠자리과 중 가장 작으며, 환경부 지정 보호종이다. 성숙한 수컷은 날개 밑과 온몸이 붉고, 암컷은 날개 밑이 황갈색, 몸에 적갈색과 노란 띠가 있어 다르다. 낮고 빠르게 날기도 하고 한자리에서 잘 날며, 앉으면 배 끝을 위로 뻗친다. 그동안 희귀종으로 여겼으나 최근 새 서식지가 발견되고 있다. 일본, 중국(중부, 남부), 타이완, 인도차이나 등지에 분포하고, 국내에는 경상남도 남해도 이북에 분포한다.

서식지	무논, 휴경지
개체수	비교적 드묾
뒷날개	13-15㎜
배길이	11-13㎜
출현기	5-10월
북한이름	없음

밑부분이
조금 붉다
♂
붉은
겹눈
적갈색
겹눈
황갈색
♀

어리밀잠자리(밀잠자리붙이)

Deielia phaon Selys, 1883

수컷은 청백색을 띠고, 날개는 투명하나 암컷은 수컷과 같거나 갈색 몸에 날개 밑이 황갈색이고, 이따금 날개 중앙에서 조금 바깥쪽에 적갈색 띠무늬가 나타난다. 큰 못 둘레에서 억새 줄기를 횃대 삼아 잘 앉는데, 날이 더우면 배가 아래로 축 처진 모습을 한다. 일본, 중국, 러시아 극동지역, 타이완에 분포하고, 국내에는 울릉도를 뺀 전국에 분포한다.

서식지	트인 못, 저수지
개체수	흔함
뒷날개	29-35㎜
배길이	25-31㎜
출현기	5-10월
북한이름	작은거품띠잠자리

적갈색
띠무늬
♀
배 등 중앙에
굵고 검은 띠

암컷 가슴

암컷 배끝마디

수컷 배끝마디

〈어리밀잠자리 암컷 날개의 다양한 변이〉

폭이 좁다
밑부분이
붉다
♀

폭이 넓다
밑부분이
붉다
♀

붉은배(고추)잠자리

Crocothemis servilia Drury, 1770

날개돋이 후 미숙할 때에 몸이 옅은 황갈색이지만 성숙해지면 수컷은 붉은색이 짙어진다. 날개 밑은 붉은색이 좁게 나타난다. 물 흐름이 적은 웅덩이나 못 등 넓고 트인 장소를 좋아한다. 수컷의 텃세 행동이 심하고, 물가의 나뭇가지 끝에 잘 앉는데, 오래 앉을 때 날개를 잔뜩 웅크린다. 일본, 중국(중부, 남부), 타이완, 동남아시아 일대에 분포하고, 국내에는 중부지방 이남에 분포한다.

서식지	평지나 낮은 산지의 연못 또는 저수지
개체수	매우 흔함
뒷날개	32-36㎜
배길이	27-32㎜
출현기	5-10월
북한이름	초파리잠자리

노란 무늬가
섞인 얼룩무늬
♂ 미숙

옅은
황갈색
♀ 미숙

〈붉은배잠자리의 다양한 모습〉

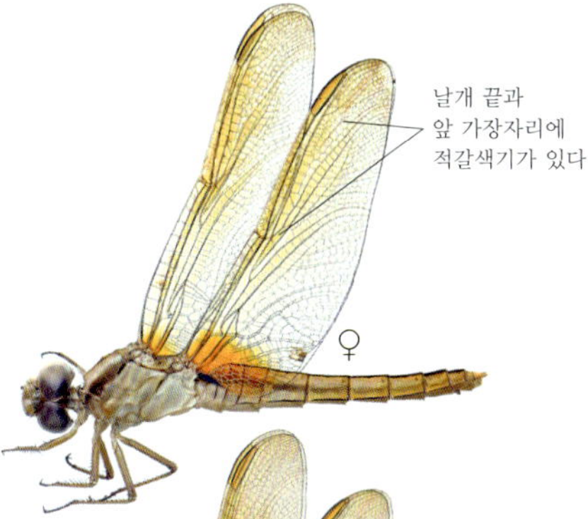

이 종은 사실 남방계 잠자리이므로, 중부지방 이북에 흔치 않다. 전국 어디나 흔하고, 그 무리가 적지 않아 '고추장'의 토속적인 면을 강조한다면 *Sympetrum* 속을 '고추잠자리'로 하는 것이 타당하다. 이 견해는 이승모(2001)에 따른다.

날개띠고추잠자리

Sympetrum pedemontanum Allioni, 1766

몸에 흑갈색 무늬가 거의 없는 종으로, 날개의 중앙 바깥으로 갈색 띠무늬가 넓게 나타난다. 미숙할 때는 날개의 연문이 밝은 색을 띠지만 성숙하면 붉어지거나 갈색이 된다. 평지나 산지의 풀밭에서 낮게 날거나 앉아있는데, 인기척에 꽤 민감하다. 일본, 중국(동북부), 러시아(우수리) 등 구북구에 넓게 분포하고, 국내에는 울릉도를 뺀 전국에 분포한다고 하나 제주도에서 보기 어렵다.

서식지	숲가의 못, 물 흐름이 느린 냇가
개체수	매우 흔함
뒷날개	25-30㎜
배길이	23-27㎜
출현기	6월 중순-10월
북한이름	메고추잠자리

수컷 가슴

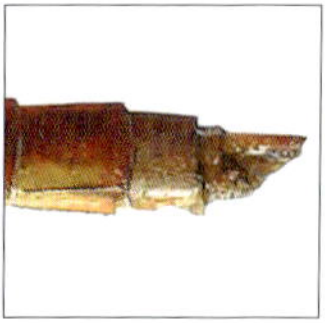
수컷 배끝마디

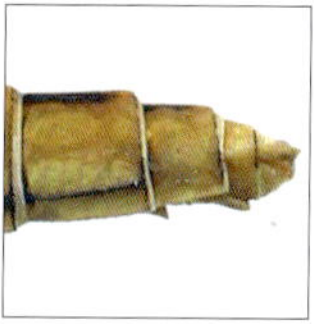
암컷 배끝마디

♀ 미숙

〈날개띠고추잠자리의 개체 변이〉

이 종은 크기가 작고, 날개 띠의 폭이 좁아 북부지방 고지대의 개체군을 원명 아종으로, 중남부 지방에서 일본과 같은 아종 *elatum* Selys, 1872으로 나누나, 그 경계가 뚜렷하지 않아 한 종 안의 연속변이로 보는 것이 옳은 것 같다.

고추(고추좀)잠자리

Sympetrum depressiusculum Selys, 1841

우리나라에서 가장 흔한 잠자리로, 성숙하기 위해 산지로 이동하므로 평지뿐 아니라 1,500m 이상의 산 정상에도 많다. 몸은 황갈색에 흑갈색 무늬가 있다. 수컷은 가을이 되면 몸이 붉어지면서 배에 흰 가루가 덮인다. 암컷은 몸이 보통 갈색이나, 붉거나 흑갈색인 경우도 있다. 동아시아에서 유럽에 이르는 구북구에 넓게 분포하고, 국내에는 전국에 분포하는데, 제주도와 울릉도에서는 보기 힘들다.

서식지	**평지, 산지 웅덩이, 하천, 못**
개체수	**매우 흔함**
뒷날개	**23-32㎜**
배길이	**20-25㎜**
출현기	**5-10월**
북한이름	**고추잠자리**

얼굴

수컷 배끝마디

암컷 배끝마디

〈고추잠자리의 개체 변이〉

이 종을 일본에 서식하는 일본고추잠자리(*S. frequens* Selys, 1883)로 보는 학자가 있으나 잘못된 것으로, 국내에 이 종뿐이며, 일본 종을 이 종의 아종으로 보는 학자도 있다.

여름고추잠자리

Sympetrum darwinianum Selys, 1883

고추잠자리와 아주 닮았으나 조금 작고, 가슴 옆의 검은 줄무늬가 더 굵고 뚜렷한 모습이다. 가을에 수컷의 몸이 붉어지는데, 겹눈의 일부까지 붉어진다. 가끔 고추잠자리의 작은 개체로 오해하는 경우가 있다. 가을 논과 습지에서 암수가 이어진 채로 식물 위를 날면서 알을 뿌려 낳는다. 일본, 중국 중부, 타이완에 분포하는데, 국내에는 강원도 산지보다 경기도의 낮은 산지나 평지의 웅덩이에서 보인다.

서식지	평지나 낮은 산지의 웅덩이, 습지, 논
개체수	비교적 흔함
뒷날개	22-28㎜
배길이	18-23㎜
출현기	6-10월
북한이름	여름고추잠자리

몸 전체가
붉다
붉은
이마
♂

황갈색
♂ 미숙

수컷 머리

수컷 배끝마디

암컷 배끝마디

〈여름고추잠자리의 개체 변이〉

검다
♂

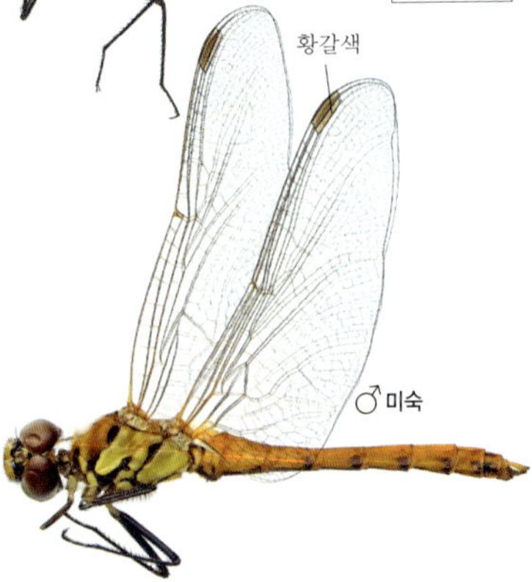
황갈색
♂ 미숙

적갈색
고추잠자리♂
가늘고 검은 띠가
중간까지 이른다
붉다
전체 몸 길이가
조금 작다
여름고추잠자리♂
굵고 검은 띠가
중간 이상으로 뻗는다

두드러지게
굵다
고추잠자리♀
길고
검은 무늬

조금
굵다
짧고
검은 무늬
여름고추잠자리♀

대륙고추잠자리

Sympetrum striolatum Charpentier, 1840

몸은 성숙하면 갈색기가 있는 붉은색으로, 날개는 황갈색기가 앞 가장자리 쪽으로 넓게 퍼져 있다. 가슴 옆은 갈색 띠가 엷고 넓어진다. 고추잠자리와 습성은 비슷하나 높은 산지보다 낮은 산지나 해안 지대의 평지나 숲 가의 양지바른 빈터나 산길을 좋아하며, 사람 키만 한 갈대 위나 땅바닥에 잘 앉는다. 구북구에 넓게 분포하고, 국내에는 울릉도를 뺀 전국에 분포하는데, 제주도에서는 드물다.

서식지	해안가에 가까운 숲 주변
개체수	매우 흔함
뒷날개	25-33㎜
배길이	21-26㎜
출현기	6-11월
북한이름	대륙고추잠자리

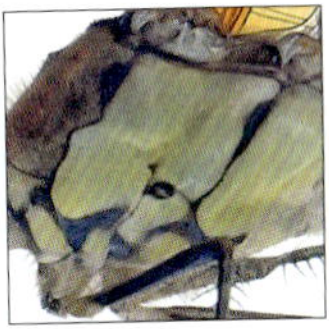
수컷 가슴

수컷 배끝마디

암컷 배끝마디

〈대륙고추잠자리의 개체 변이〉

과거 기록 중에 도이 간초(1932)가 몽골, 사할린, 중국 동북부, 러시아 극동지역에 분포하는 만주좀잠자리 *Sympetrum vulgatum imitans* Selys를 기록한 적이 있다. 하지만 아사히나 쇼지로(1990)는 우리나라 잠자리를 정리하면서 표본을 직접 보지 않았지만 도이의 기록에 의문을 달면서 대륙고추잠자리의 동종이명으로 처리하였다. 이승모(2002)도 같은 견해였다. 실제 도이(1932)의 채집 장소가 서울과 삼성산(?)으로, 이 표본이 대륙고추잠자리일 가능성이 매우 높다.

옅은
황갈색 무늬
♀

날개 끝과
앞 가장자리가
짙은 황갈색
짧고 가는
줄무늬
길고 검은
삼각무늬
♀

두점배고추잠자리

Sympetrum fonscolombei Selys, 1840

몸 색은 노란 기가 있고, 가늘고 검은 어깨선과 제2가슴선이 있다. 수컷은 배에 무늬가 적으나 암컷은 배 옆에 가늘고 검은 무늬가 있다. 날개는 밑이 주황색, 앞 맥이 노란색, 연문이 황갈색이다. 성숙한 수컷은 머리와 배가 붉어진다. 수컷은 재빠르며 산 능선의 트인 곳에서 텃세를 부린다. 중국, 중앙아시아, 인도, 소아시아, 유럽, 아프리카에 분포하고, 국내에는 중국에서 날아오며 해안에서 발견된다.

서식지	해안가
개체수	매우 드묾
뒷날개	27-28㎜
배길이	23-26㎜
출현기	8월말 이후 보임
북한이름	없음

이 종은 경상남도 거제도, 인천광역시 영종도, 경기도 소래포구, 강원도 동해 망상, 고성 화진포에서 발견되었다(정, 2007). 글쓴이는 인천광역시 굴업도와 충청남도 보령시 외연도에서 관찰하였는데, 특히 외연도에 수가 많았다.

두점박이고추잠자리

Sympetrum eroticum Selys, 1883

더듬이 아래에 두 점무늬가 있고, 가슴 옆에도 검은 줄무늬가 희미하게 나있는데, 얼핏 보면 2개의 점처럼 보인다. 가을에 몸이 붉어지는 수컷은 배 끝의 생식기가 뾰족하게 위로 솟아있으며, 암컷은 대부분 날개 가장자리에 검은 깃동무늬가 있어 닮은 종들과 쉽게 구별된다. 일본, 중국 중부와 북부, 러시아(우수리), 타이완에 분포하고, 국내에는 울릉도를 뺀 전국에 분포한다.

서식지	못, 농수로, 논, 냇가
개체수	매우 흔함
뒷날개	25-30㎜
배길이	25-29㎜
출현기	6월 중순-10월
북한이름	눈섭고추잠자리

얼굴

수컷 가슴

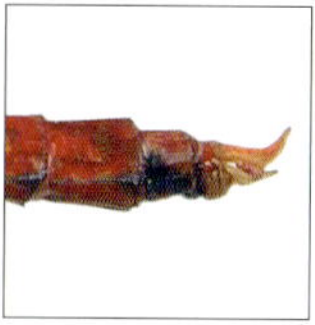
수컷 배끝마디

〈두점박이고추잠자리 암컷의 개체 변이〉

띠무늬가
좁다
♀
황갈색

띠무늬가
검다
♀
가는 띠

흰얼굴고추잠자리

Sympetrum kunckeli Selys, 1884

앞 종과 비슷하나 조금 작고 가슴 옆면의 무늬가 다르다. 특히 성숙한 수컷의 얼굴은 청백색이 나타나므로 서로 구별된다. 암컷에서는 이 색이 보이지 않는다. 또 날개가 붙는 가슴 등 쪽 무늬는 검은 띠가 뚜렷하여 닮은 종들과 다르다. 평지나 낮은 산지의 숲 아래 빈터를 좋아하며, 이따금 염전과 같은 해안지대에도 산다. 일본과 중국 중북부에 분포하고, 국내에는 울릉도를 뺀 전국에 분포한다.

서식지	평지나 낮은 산지의 연못
개체수	매우 흔함
뒷날개	17-25㎜
배길이	20-27㎜
출현기	6-10월
북한이름	흰뺨고추잠자리

♂ 미숙
붉은색
노란색

붉은색이
두드러진다
♂

수컷 얼굴

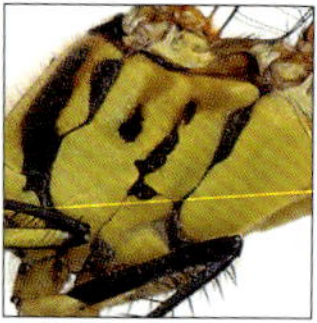
수컷 가슴

수컷 배끝마디

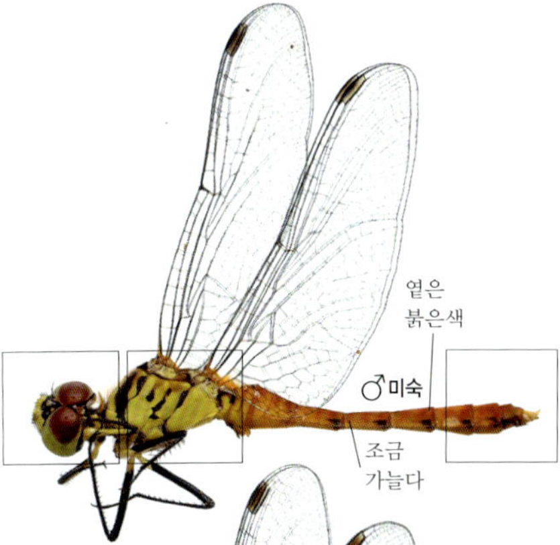

옅은
붉은색
♂미숙
조금
가늘다

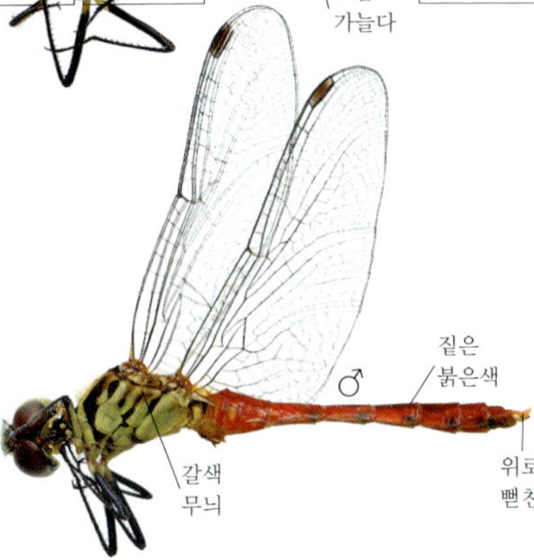

짙은
붉은색
♂
갈색
무늬
위로
뻗친다

애기고추잠자리

Sympetrum parvulum Bartenef, 1912

눈썹 무늬가 있고, 어깨선 위에 검은 삼각무늬가 있어, '!!'자를 거꾸로 한 노란 줄무늬처럼 보인다. 수컷의 배 끝 윗부속기는 솟는다. 날개 밑에서 등황색을 띠고, 성숙한 수컷은 배가 붉어진다. 샘솟는 습지와 웅덩이에서 번식하며, 날개돋이 후 가까운 숲으로 이동한다. 성숙한 수컷은 습지에서 세력권을 만든다. 일본, 중국(동북부), 러시아(우수리)에 분포하고, 국내에는 울릉도를 뺀 전국에 분포한다.

서식지	습원, 웅덩이, 논
개체수	매우 흔함
뒷날개	20-26mm
배길이	17-24mm
출현기	7-11월
북한이름	애기고추잠자리

머리 쪽에서
보면 삼각형
조금
부푼다
♂
두드러진
부생식기
검고
큰 띠
♀
날개 밑이
붉다
긴 산란판

♂ 미숙
짧은 선처럼
보인다

♂
검은 무늬가
발달

검은고추잠자리

Sympetrum danae Sulzer, 1776

성숙해도 몸이 붉어지지 않고, 검은색 무늬가 나타난다. 비교적 작은 종으로, 제1, 2가슴선의 검은색 줄무늬가 굵은 것이 특징이다. 지금까지 한반도 북부 높은 곳의 습지에만 사는 것으로 알려져 있으며, 남한에는 분포하지 않는다. 여기에 실은 표본 사진은 일본산이다. 일본, 중국 동북부, 러시아(사할린, 시베리아)를 포함한 전북구의 한랭지역에 넓게 분포하고, 국내에는 북부 지방 고지대에 분포한다.

서식지	북부 지방의 고산지의 습지
개체수	모름
뒷날개	24㎜ 안팎
배길이	21㎜ 안팎
출현기	7-10월
북한이름	북고추잠자리

긴꼬리고추잠자리

Sympetrum cordulegaster Selys, 1883

수컷은 배마디마다 검은 무늬가 있고, 암컷은 옆에 쐐기 모양의 검은 무늬가 있다. 수컷의 윗부속기는 경사지듯 잘린 모양으로 끝이 위로 솟고, 암컷의 산란판은 길어서 배 끝을 넘는다. 성숙한 수컷은 배가 붉어진다. 수컷은 트인 공간에서 가지에 앉아 텃세를 부리는데, 덜 민감하다. 중국(동북부), 러시아(아무르, 우수리)에 분포하고, 국내에는 해양성으로, 제주도와 남부, 중부 지방의 서해안에 분포한다.

서식지	해안의 습원, 웅덩이, 못
개체수	매우 드묾
뒷날개	20-26㎜
배길이	21-25㎜
출현기	7-11월
북한이름	붉은배고추잠자리

두드러지게
부푼다
♂
뚜렷한
검은 무늬

♀
긴 산란판

붉은고추잠자리

Sympetrum flaveolum Linnaeus, 1758

날개가슴 앞부분은 황갈색으로 별 무늬가 없다. 어깨선과 가슴선은 거의 고추잠자리와 닮았으나 선이 가늘고, 날개 밑과 중앙에 적황색 무늬가 넓게 나타난다. 우리나라 북부 지방 2,000m 산지의 습지에 분포하는 한랭성 종이다. 여기에 실린 표본은 고 이승모 선생이 러시아에서 직접 채집한 것이다. 구북구 중북부에 넓게 분포하고 국내에는 북부 지방(함경도)에 분포한다.

서식지	북부의 고원 습지
개체수	모름
뒷날개	27㎜ 안팎
배길이	24㎜ 안팎
출현기	7-8월
북한이름	붉은고추잠자리

암컷 가슴

암컷 배끝마디

수컷 배끝마디

깃동고추잠자리

Sympetrum infuscatum Selys, 1883

몸은 적갈색 바탕에 검은 줄무늬가 뚜렷하다. 성숙한 수컷은 적갈색기가 거의 붉어지면서 검어진다. 암수 모두 날개 끝에 검은 깃동무늬가 나타난다. 논, 농수로, 산지의 풀밭에 많은데, 산 정상에서는 거의 없다. 낮은 나무나 축대와 같은 장소에 잘 앉는데, 한번 날아오르면 한 자리에서 나는 일이 종종 있다. 일본, 중국 중부와 동북부에 분포하고, 국내에는 제주도와 울릉도를 뺀 전국에 분포한다.

서식지	**평지나 낮은 산지의 계곡, 물풀이 많은 웅덩이 주변**
개체수	**매우 흔함**
뒷날개	**25-30㎜**
배길이	**25-30㎜**
출현기	**6-10월**
북한이름	**밤색이마고추잠자리**

굵은
띠무늬
노란색
♀미숙

회색
♀

수컷 가슴

수컷 배끝마디

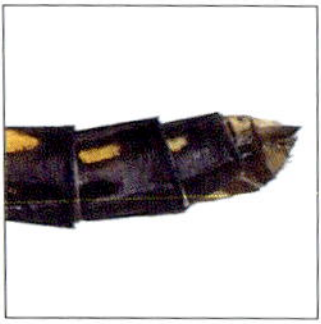
암컷 배끝마디

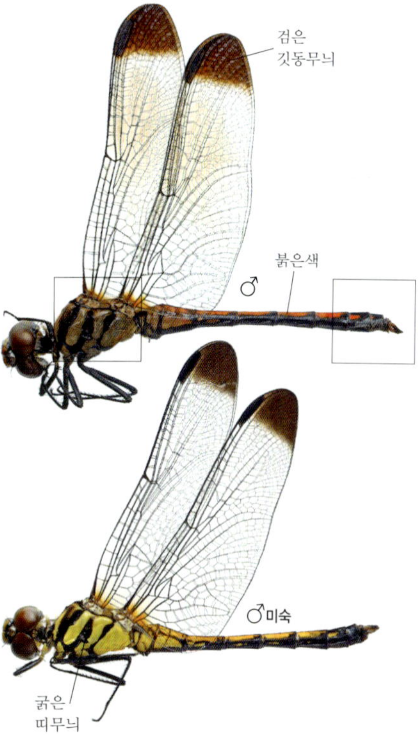
검은
깃동무늬
붉은색
♂
♂미숙
굵은
띠무늬

산깃동고추잠자리

Sympetrum baccha Selys, 1884

앞 종처럼 날개 끝에 검은 깃동무늬가 있으나 몸 바탕이 수컷 쪽에서 붉어져 다르다. 가슴 옆의 검은 줄무늬 모양도 다르다. 외진 논길이나 평지의 숲 빈터에 이따금 만난다. 1,000m 이상 높은 산지에서 볼 수 있으나 극히 드물다. 도로 위에 잘 앉으며, 암수가 이어진 채로 배 끝으로 때리듯이 진흙 속이나 물에 알을 낳는다. 일본, 중국 중남부, 타이완에 분포하고, 국내에는 울릉도를 뺀 전국에 분포한다.

서식지	낮은 산지나 평지, 해안가
개체수	비교적 흔함
뒷날개	25-33㎜
배길이	22-28㎜
출현기	6-10월
북한이름	작은밤색이마고추잠자리

붉은색
붉은 몸
♂

노란 몸
적갈색
♂ 미숙

〈산깃동고추잠자리의 개체 변이〉

♀
수컷보다
검은 띠가
크고 뚜렷하다
♀

들깃동고추잠자리

Sympetrum risi Bartenev, 1914

앞 두 종과 닮았으나 조금 작고, 가슴선이 다르다. 제1가슴선은 굵으나 아래에서 4분의 3 부분까지 있다. 평지나 낮은 산지의 숲 사이의 작은 연못에 살며, 수생식물이 많은 곳을 좋아한다. 갓 날개돋이 하면 숲에서 먹이사냥을 하고, 성숙하면 물가에 날아온다. 암수가 이어진 채로 물가 젖은 땅에 알을 떨어뜨린다. 일본, 중국(동북부, 중부), 러시아(아무르)에 분포하고, 국내에는 울릉도를 뺀 전국에 분포한다.

서식지	낮은 산지나 평지, 해안가
개체수	비교적 드묾
뒷날개	29-33㎜
배길이	23-28㎜
출현기	6-10월
북한이름	뺨누런고추잠자리

붉다
♂
가운데 띠 부분이
굵고 짙다
♀
갈색

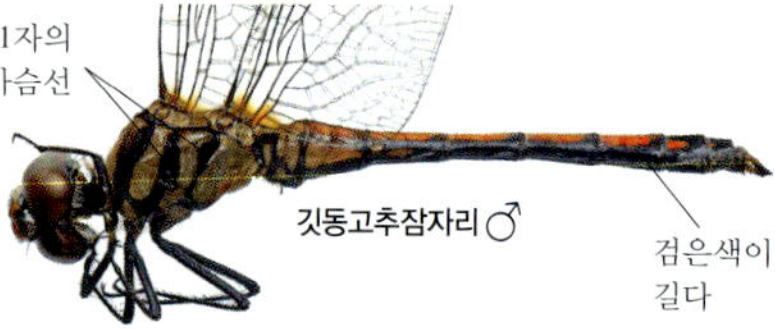

깃동고추잠자리♂

산깃동고추잠자리♂

들깃동고추잠자리♂

깃동고추잠자리♀

산깃동고추잠자리 ♀

들깃동고추잠자리 ♀

하나고추잠자리

Sympetrum speciosum Oguma, 1915

제주도에 분포하는 종으로 알려져 왔으나 최근 중부와 남부 지방에서 자주 관찰된다. 가슴 옆면에 1개의 굵고 검은 가슴선이 있고, 수컷 쪽에서 날개 밑부분이 좁게 붉은색을 띠는데, 암컷은 몸의 바탕색이나 날개 색이 조금 옅다. 수컷은 연꽃이 핀 못 둘레에서 텃세권을 만드는데, 제주도에서는 꽤 수가 많다. 일본과 타이완에 분포하고 국내에는 제주도와 내륙 곳곳에서 볼 수 있다.

서식지	수생식물이 많은 연못
개체수	비교적 드묾
뒷날개	31-37mm
배길이	24-28mm
출현기	6-10월
북한이름	없음

넓게 나타나는
적갈색
♂ 미숙

♂ 미숙
배에
무늬가 없다

수컷 가슴

수컷 배끝마디

암컷 배끝마디

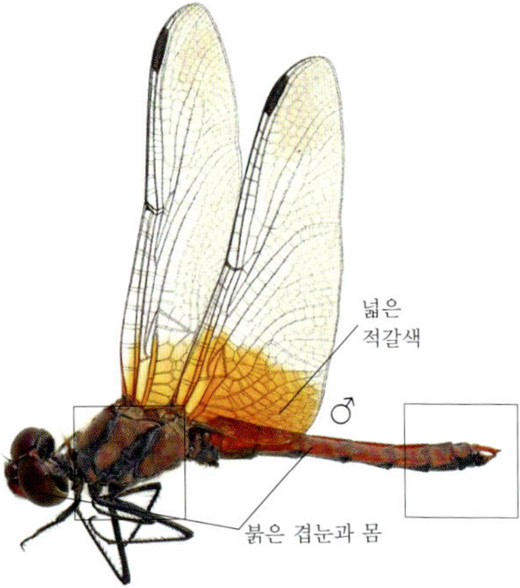

♀ 미숙
황갈색

붉은색
♀

노란고추(노란)잠자리

Sympetrum croceolum Selys, 1883

몸에는 줄무늬가 없고, 날개 밑에서 절반까지와 앞가장자리를 따라 날개 끝까지 등색 무늬가 있다. 성숙하면 배 등 쪽이 등적색으로 변한다. 나무로 둘러싸인 못에 산다. 미숙한 개체는 산지로 날아가 먹이사냥을 하고 성숙해지면 물가로 돌아온다. 가을에 남부지방의 가야산, 덕유산의 정상에서도 볼 수 있다. 일본, 중국(중부, 동북부)에 분포하고, 국내에는 제주도와 울릉도를 뺀 전국 곳곳에 분포한다.

서식지	수생식물이 많은 못
개체수	비교적 드묾
뒷날개	**27㎜ 안팎**
배길이	**27㎜ 안팎**
출현기	**7-11월초**
북한이름	누런고추잠자리

암컷 가슴

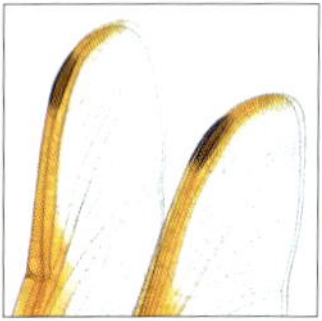
암컷 날개

암컷 배끝마디

큰노란고추(진노란)잠자리

Sympetrum unifome Selys, 1883

몸과 날개가 노란색을 띠는데, 각 날개의 앞쪽으로 색이 더 짙다. 생김새가 닮아 가끔 붉은배잠자리의 미숙 개체와 혼동하는 일이 많지만, 붉은배잠자리는 날개 기부만 짙은 노란색이므로 다르다. 보통 300m에서 800m의 트인 산길에 세력권을 만들면서 날아다니는 수컷을 흔히 볼 수 있으나 실은 낮은 지대의 웅덩이에서 애벌레가 산다. 일본과 중국 동북부에 분포하고, 국내에는 제주도와 울릉도를 뺀 전국에 분포한다.

서식지	웅덩이, 못, 계류
개체수	비교적 드묾
뒷날개	33-39㎜
배길이	30-36㎜
출현기	7-10월
북한이름	큰누런고추잠자리

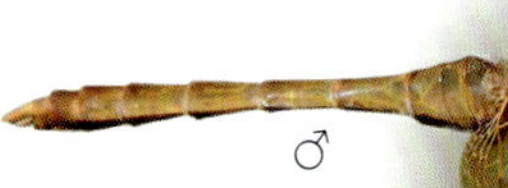

♂

♀

먹이를 탐색하는 수컷

이밖에 이 속에는 북한 학자가 신종으로 기재한 온수평고추잠자리와 보천보고추잠자리가 있는데, 기재문이 정확하지 않아 우리 잠자리 목록에 넣는 것을 잠시 보류하는 것이 옳겠다.

진주잠자리

Leucorrhinia dubia Vander Linden, 1825

몸은 검은색이고, 적갈색 무늬가 있다. 머리 앞으로 흰 무늬가 있다. 추운 지역에 사는 종으로 우리나라 북부의 산지 습지에 분포하는 것 외에 별다른 정보가 없다. 외국 자료에 따르면 낮은 나무줄기 위에 앉아 있다가 재빠르게 먹이사냥을 한다고 한다. 여기에 실린 사진은 고 이승모 선생이 중국 동북부에서 채집한 것이다. 구북구 북부 지역에 넓게 분포하고, 국내에는 함경북도에만 분포한다.

서식지	고산 습원
개체수	모름
뒷날개	27㎜ 안팎
배길이	24㎜ 안팎
출현기	6-7월
북한이름	흰뺨잠자리

수컷 가슴

수컷 배끝마디

수컷 배끝마디

큰진주잠자리

Leucorrhinia intermedia Bartenev, 1910

앞 종과 닮았으나 가슴 옆 노랗거나 붉은 무늬의 생김새가 다르고, 배 등의 노란 무늬의 생김새도 조금 다르다. 나는 모습이나 환경 적응성 등의 생태적 특징도 두 종이 거의 닮았다. 여기에 실린 표본은 앞 종처럼 고 이승모 선생에 따른 것이다. 세계 분포지가 앞 종보다 조금 좁은데, 일본, 중국 동북부, 러시아 (극동지역, 트랜스바이칼) 에 분포하고, 국내에는 함경북도의 고산 습지에 분포한다.

서식지	고산 습원
개체수	모름
뒷날개	28㎜ 안팎
배길이	25㎜ 안팎
출현기	6월말-7월 중순
북한이름	북흰뺨잠자리

수컷 머리

수컷 가슴

수컷 배끝마디

노란허리잠자리

Pseudothemis zonata Burmeister, 1839

넓은 연못에서 유유히 날아다니며 물속에 뻗쳐 나온 나뭇가지에 잘 앉는다. 몸 전체가 검은 광택이 나는데, 특별히 제3, 4배마디는 미숙할 때에 노란색이지만 성숙하면 흰색을 띤다. 암컷은 수컷보다 색이 어두운 편이다. 급하게 날지 않으나 조심성이 많아 다가가기가 쉽지 않다. 숲 공간에서 4-5m의 높이로 날면서 날벌레를 잡아먹는다. 일본, 중국 남부, 타이완, 동남아시아 일부에 분포하고, 국내에는 중부 지방 이남에 분포한다.

서식지	평지의 웅덩이, 못, 하천
개체수	비교적 흔함
뒷날개	37-40mm
배길이	29-32mm
출현기	5-10월
북한이름	붉은허리잠자리

조금
검다
뒷날개
밑부분이 검다
♂
2마디가
흰색
가늘고
노란 띠무늬
조금
검다
♀
가늘고
노란 띠무늬
노란색
검은 부분이
많다

나비잠자리

Rhyothemis fuliginosa Selys, 1883

겹눈은 검은색이다. 몸이 검고, 날개는 대부분이 청람색을 띠는데, 특히 뒷날개 폭이 넓다. 수컷 날개는 햇빛을 받으면 광채가 난다. 나비처럼 생기고, 천천히 나는 습성이 있다. 4-5m 높이에서 가까운 거리를 여러 마리가 모여 난다. 이따금 낮게 날다가 물속에서 뻗쳐 나온 물체에 잘 앉아 영역을 지킨다. 일본과 중국(동북부, 북부, 중부)에 분포하고, 국내에는 중·남부 지방에 분포한다.

서식지	물풀이 많은 트인 못, 늪
개체수	비교적 흔함
뒷날개	34-37㎜
배길이	23-25㎜
출현기	6-9월
북한이름	나비잠자리

검은색
♂

이 부분의
변이가 많다
♀
폭이 넓은
뒷날개

날개잠자리

Tramea virginia Rambur, 1842

된장잠자리와 닮았으나 날개가 훨씬 길다. 또 뒷날개가 더 넓고, 밑부분에 적갈색이 나타나는데, 그 테두리가 황갈색이다. 수컷은 쉬지 않고 못 위를 날면서 텃세를 부리며, 재빨라 채집하기가 쉽지 않다. 아침나절 못 둘레의 풀 위에 앉아 있는 것을 관찰한 적이 있다. 일본, 중국, 동남아시아 일대에 분포하고, 국내에는 제주도와 남부지방에서 볼 수 있다. 글쓴이는 경기도 굴업도, 충청남도 태안군 신두리에서 본 적이 있다.

서식지	못
개체수	매우 드묾
뒷날개	41㎜ 안팎
배길이	29㎜ 안팎
출현기	7-9월
북한이름	큰날개잠자리

수컷 머리

수컷 가슴

수컷 배끝마디

된장잠자리

Pantala flavescens Fabricius, 1798

성숙해도 몸이 황갈색을 띠는데, 꼭 '된장' 같은 색상이다. 배에 가늘고 검은 띠무늬가 있다. 아열대 지역에서 봄부터 날아오며 이동성은 매우 강하지만 추위에는 매우 약하다. 트인 곳에서 무리 지어 먹이사냥을 하는데, 수컷이 텃세 부리는 모습은 매우 약하다. 북반구의 열대에서 일부 온대 지역까지 넓게 분포하고, 국내에는 전국에 분포하는데, 울릉도에 가장 많은 잠자리이다.

서식지	웅덩이, 못, 계류, 습지, 하천
개체수	매우 흔함
뒷날개	40㎜ 안팎
배길이	30㎜ 안팎
출현기	4-10월
북한이름	마당잠자리

이밖에 점박이잠자리(*Tholymis tillarga*)가 기록되어 있으며, 이승모(2001)가 한 번 채집한 기록밖에 없다.

결절 날개 앞 가장자리 가운데에 있는 마디로, 넉점박이잠자리처럼 이 부분에 무늬가 있는 종이 있다.

겹눈 여러 낱눈이 모여 머리 부분을 대부분을 차지할 정도로 큰 눈.

경호비행 수컷은 암컷이 알을 낳는 동안 다른 수컷이 다가와 짝짓기 하지 못하게 위에서 날면서 지키는데, 이때 공중에서 멈춘 듯 날기도 한다.

눈뒷무늬(안후문) 실잠자리류에는 겹눈 뒤로 둥글거나 타원 모양의 밝은 무늬가 있다. 이 무늬로 종을 구별하는 경우가 많다.

도수형 식물 줄기를 잡고 날개돋이 하는 종류가 중간 쉴 때에 바닥을 향해 매달리는 자세를 보인다.

동색형 암컷은 보통 수컷과 다른 모습이지만 일부 실잠자리에서는 수컷과 닮는다. 이럴 경우 동색형, 다를 경우 이색형이라고 한다.

뒷머리선(후두조) 눈뒷무늬를 잇는 가늘고 긴 줄을 뜻한다.

미모 암컷에서 배 10째마디 끝에 붙은 긴 털 모양의 구조물.

부생식기 수컷 배의 제 2, 3마디 아래에 있는 짝짓기를 위한 기관이다. 대개 복잡한 가시돌기가 나 있다.

부엽식물 뿌리는 땅속에 박고 잎이 물 위에 떠서 자라는 가래, 연꽃, 수련 따위의 식물.

부유식물 뿌리가 고정되지 않은 채 물속 또는 물 위에 떠다니는 개구리밥과 생이가래 따위의 식물.

비래종 외국에서 날아와 사는 종으로 대부분 겨울을 넘기지 못하고 죽는다. 가을에 흔한 된장잠자리는 남쪽에서 중부 이북으로 여름 이후 날아온다. 우리나라에는 점박이잠자리, 날개잠자리, 남색이마잠자리, 독수리잠자리 등이 이에 속하는 것으로 보인다.

산란관 왕잠자리과의 암컷에서 배 제9마디 아래에 있는 송곳처럼 뾰족한 구조물로 식물조직에 상처를 내어 속에 알을 낳을 수 있다.

산란판 잠자리과와 측범잠자리과 등의 암컷에서 배의 제9마디 아래에 있는 편평한 판 모양의 구조물로 진흙 속에 알을 낳도록 되어 있다.

아종 같은 종이지만 사는 지역이 달라 색, 생김새, 크기 등이 달라진 특정 개체군을 말한다. 이 경우 분포 범위가 뚜렷이 갈라진다. 극단적인 차이에도 지역에 따른 연속변이에 해당하면 아종보다는 하나의 경향성(Cline)으로 해석한다.

연문(緣紋) 잠자리나 일부 다른 곤충에서 앞날개의 전연 쪽으로 날개맥에 의해 닫힌 작은 날개 방을 말한다.

직립형 날개돋이 때 상반신이 먼저 나오고 한참 쉬다가 다시 나머지 몸을 빼는데, 이때의 자세가 서있는 것처럼 보인다.

추수식물 물가에 자라며 뿌리나 줄기 아래가 물속에 잠기는 갈대, 부들, 미나리 따위의 식물.

침수식물 영양기관이 물속에 잠기는 거머리말과 검정말 따위의 식물.

텃세행동 수컷이 암컷과 짝짓기 할 목적으로 다른 수컷을 쫓아내거나 특정한 장소를 차지하는 습성.

이 책은 친환경 종이로 제작되었습니다.